高等院校『十三五』创新型应用人才培养规划教材

室内装饰工程预算

U0295842

主　编　蒋娟娟　王　菲　王　浩

副主编　刘　瑶　易单萍

　　　　黄亚娴　陈嘉蓉

合肥工业大学出版社

前　言

　　本书是以中华人民共和国住房和城乡建设部有关建筑装饰装修工程报价的现行政策《建设工程工程量清单计价规范》(GB50500－2013)为主要依据,结合工程实践编写的,具有内容新颖、实用性强、使用方便的特点。本书主要内容包括:室内装饰工程预算概述、室内装饰工程费用组成与计费程序、室内装饰工程预算定额、清单工程量的计量、工程量清单与计价、室内装饰工程概预算的编制、装饰工程招投标报价、居室装饰工程预算与协商报价等。书末附有居住装饰各项工程的参考价格。

　　本书可供广大从事家居装饰装修工程造价的人员学习使用,也可作为建筑工程、环境艺术工程、工程管理等专业人员及各大院校相关专业师生学习的参考用书。

编　者

2018.6

目　　录

第一章　室内装饰工程预算概述

教学目标

本章主要介绍室内装饰工程行业的含义、室内装饰工程项目的划分、室内装饰工程预算的相关概念、分类与构成；并阐述了室内装饰工程定额计价和清单计价的概念、区别和联系。本章的学习主要是了解相关概念，掌握学习方法，为学习的展开奠定基础。

教学要求

知识要点	能力要求	相关知识
室内装饰工程基础	①了解室内装饰工程的含义 ②熟悉室内装饰工程的工作流程 ③掌握室内装饰工程项目的组成	①建设工程、室内装饰工程 ②室内装饰工程的内容 ③工程估价、工程预算 ④建设项目、单项工程、分部分项工程
室内装饰工程预算	①掌握室内装饰工程预算的概念 ②了解室内装饰工程预算的作用 ③熟悉室内装饰工程预算的分类	①投资估算、设计概算、施工图预算、施工预算、竣工结（决）算 ②编制依据、作用
定额计价与清单计价	①掌握定额计价和清单计价的概念 ②熟悉定额计价和清单计价的联系和区别	①预算定额、定额计价 ②工程量清单、清单计价

基本概念

室内装饰工程、建设项目、单项工程、分部工程、分项工程、投资估算、设计概算、施工图预算、施工预算、竣工结（决）算、定额计价、清单计价

引例

室内装饰工程预算是室内设计组成的一部分，是装饰工程的一个重要内容，也是每一个室内设计人员、工程管理人员都必须掌握的专业内容。它是在室内装修工程和装饰材料的基础上，进一步学习室内装饰工程设计概算、施工图预算以及招投标报价等理论，为科学管理装饰工程、最大限度

地提高企业经济效益打好基础。因此，它是装饰行业不可或缺的一门学科，必须认真学好这门课程，并把它应用到工程实践中去。

室内装饰工程有哪些特点？作业流程如何？室内装饰工程项目是如何划分的？什么是工程预算？有哪些类型？什么叫定额计价？什么叫清单计价？这些是本章要讲述的内容。

例：某装饰工程公司承包了某酒店大堂的室内装饰工程，则该室内装饰工程的地面铺装项目是（　　）。

A. 单项工程　B. 单位工程　C. 分部工程　D. 分项工程

例：室内装饰工程在设计阶段的预算称为（　　）。

A. 工程估价　B. 工程预算　C. 施工图预算　D. 投资预算

例：何谓定额？何谓工程量清单？

第一节　室内装饰工程基础

一、室内装饰工程概述

1. 室内装饰工程的含义

建设工程是人类有组织、有目的、大规模的经济活动，是固定资产在生产过程中形成的综合生产能力或发挥工程效益的工程项目，建设工程涵盖了房屋建筑工程、装饰工程、安装工程、园林景观工程、市政工程、铁路工程等多种类型的工程。装饰工程是房屋建筑工程的装饰或装修活动的简称，是在建筑主体结构完成以后，为美化装饰建筑环境、改善建筑使用功能、保护主体结构而对建筑物进行的再设计、再施工。室内装饰是装饰工程的重要组成部分，它以美学原理为依据，以各种现代装饰材料为基础，通过室内设计、工程施工等一系列的工程活动，来实现改善室内物理环境、完善使用功能、美化和渲染空间环境等目的。

室内装饰工程涉及的范围很广，既要从美学的角度把握室内的艺术效果，又要考虑建筑的结构构造、材料和施工工艺的选用等多个方面。因此，从事室内装饰设计的人员，必须视野开阔、经验丰富、美术功底好、设计能力强，才能设计出好的室内装饰作品；从事室内装饰工程施工的人员，必须深刻领会设计意图，仔细阅读施工图样，精心制订施工方案，并认真付诸实施，确保工程质量，才能使室内装饰作品获得理想的装饰艺术效果。

室内装饰工程主要包括以下几方面的内容：

（1）楼地面。

（2）墙柱面、墙裙、踢脚线。

（3）天棚。

（4）室内门窗（包括门窗套、贴脸、窗帘盒、窗帘及窗台等）。

（5）楼梯及栏杆（板）。

（6）室内装饰设施（包括给水排水设备、电气与照明设备、暖通设备、用具、家具及其他装饰设施）。

室内装饰工程其主要作用为：

（1）保护墙体及楼地面。

（2）改善室内使用条件。

（3）美化内部空间，创造美观、舒适、整洁的生活、工作环境。

2. 室内装饰工程项目工作流程

室内装饰工程流程主要包括以下工作内容。

（1）业主洽谈。每一项装饰工程业务都是从与业主（甲方）接触洽谈开始，在洽谈的过程中来了解工程性质、工程地点、经营方式，以及业主有何爱好和要求、预计的投资和工期要求等。在与业主洽谈的过程中，要做好详细的记录。

（2）现状调研。在与业主沟通的基础上，技术人员还要到现场考察，到现场充分了解建筑的内部结构，进行现场测量，观察工程所处的位置和周边环境。

（3）系统分析。系统分析又称为可行性分析，主要是对业主（甲方）能否接受承接人的意见所做的具体分析，包括工期、报价、设计风格及施工队伍等能与业主（甲方）达成一致。

（4）方案设计与工程估价。设计人员结合工程现状，根据业主（甲方）的意见和要求进行装饰方案的设计，以图纸的形式表达出建筑空间的功能布局、艺术风格、材料选用等方面的内容。方案设计完成后，要根据方案设计图估算工程大概所需的费用。

（5）业主（甲方）反馈。在装饰方案设计与概算估价完成后，技术人员应及时交与业主（甲方）审核，尽量向业主（甲方）阐述自己的观点，并与业主交换意见；在听取业主（甲方）意见与要求后，对设计方案和概算估价做进一步的修改与完善，直到业主满意为止。

（6）施工图设计。方案的设计还不能满足施工的要求，设计人员还要绘制施工图。施工图必须详细标注好各种尺寸、材质，要有节点和具体做法大洋，使施工人员一目了然。

（7）工程预算。施工图是工程预算的重要基础，根据施工图即可计算出人工、材料、施工机械等的消耗量。它是与业主（甲方）签订工程合同、结算工程价款的重要依据，也是装饰企业组织工程收入、核算工程成本、确定经营盈利的主要依据。关于装饰工程预算的项目划分、工程量计算规则、取费标准、内容组成、编制原则依据、方法与步骤等是本书将详细讲述的内容。

（8）业主（甲方）审核。对承接方编制的装饰工程预算业主（甲方）应及时组织专业人员进行审核。如有不同意见或发现较大出入时，业主（甲方）应就其明细项目情况给以说明，便于及时修改，以免日后造成工程纠纷。

（9）签订合同。施工合同是业主（甲方）和承包商双方针对某项装饰工程任务，经双方共同协商签订，共同遵守的具有法律效力的文本。合同内容主要包括合同依据、施工范围、施工期限、工程质量、取费标准、双方职责、奖惩规定及其他。

（10）工程施工。工程施工是工程项目装饰艺术加工的具体实施，要求做好以下几项工作：按施工进度要求认真组织施工；加强工程质量管理、质量监督与质量控制，凡不符合质量标准要求的项目，必须返工重做，直到达到质量标准要求为止；加强现场施工管理，如人事管理、财务管理、材料管理和机具管理等。

（11）竣工验收及工程决算。装饰工程完工后，还需要做好以下工作：会同业主（甲方）、质检部门检查工程质量及缺陷，并限期改正；清理现场，做到工完场清；试水试电；填写竣工报表；办

理交工验收手续和计算工程成本及收益，并做好竣工决算等。

3. 建筑装饰等级与标准

（1）建筑等级

根据《民用建筑设计通则》（GB 50352－2005）的规定，建筑的设计使用年限分为四个等级，如表 1－1 所示。

表 1－1　根据设计使用年限划分的建筑等级

建筑等级	建筑物性质	设计使用年限（年）
一级	纪念性建筑和特别重要的建筑，如国家大会堂、博物馆	100
二级	普通建筑和构筑物，如居住建筑、商业服务建筑	50
三级	易替换结构构件的建筑	25
四级	临时性建筑	5

（2）建筑装饰等级

一般来讲，建筑物的等级越高，装饰标准也越高。根据房屋的使用性质和耐久性要求来确定的建筑等级，应作为确定建筑装饰标准的参考依据。根据建筑等级、结合实际情况，建筑装饰等级可进行如下划分，如表 1－2 所示。

表 1－2　建筑装饰等级与建筑物类型对照

建筑装饰等级	建筑物类型
高级装饰	大型博览建筑，大型剧院，纪念性建筑，大型邮电、交通建筑，大型贸易建筑，大型体育馆，高级宾馆，高级住宅
中级装饰	广播通信建筑，医疗建筑，商业建筑，普通博览建筑，邮电、交通、体育建筑，旅馆建筑，高教建筑，科研建筑
普通装饰	居住建筑，生活服务性建筑，普通行政办公楼，中、小学建筑

（3）建筑装饰标准

根据不同的建筑装饰等级，建筑物的各部分所使用的材料和用法，按照不同类型的建筑来区分装饰标准。（表 1－3、表 1－4、表 1－5）

表 1－3　高级装饰建筑的内装饰标准

装饰部位	内装饰材料及做法
墙面	大理石、各种面砖、塑料壁纸（布）、织物墙面、木墙裙、喷涂高级涂料
楼地面	彩色水磨石、天然石料（如大理石）或人造石板、木地板、塑料地板、地毯
天棚	铝合金装饰板、塑料装饰板、装饰吸声板、塑料壁纸（布）、玻璃顶棚、喷涂高级涂料
门窗	铝合金门窗、一级木材门窗、高级五金配件、窗帘盒、窗台板、喷涂高级油漆
设施	各种花饰、灯饰、空调、自动扶梯、高档卫生设备

表1-4　中级装饰建筑的内装饰标准

装饰部位		内装饰材料及做法
墙面		装饰抹灰、内墙涂料
楼地面		彩色水磨石、大理石、地毯、各种塑料地板
天棚		胶合板、钙塑板、吸声板、各种涂料
门窗		窗帘盒
卫生间	墙面	水泥砂浆、瓷砖内墙裙
	地面	水磨石、陶瓷马赛克
	天棚	混合砂浆、纸筋灰浆、涂料
	门窗	普通钢、木门窗

表1-5　普通装饰建筑的内装饰标准

装饰部位	内装饰材料及做法
墙面	混合砂浆、纸筋灰、石灰浆、大白浆、内墙涂料、局部油漆墙裙
楼地面	水泥砂浆、细石混凝土、局部水磨石
天棚	直接抹水泥砂浆、水泥石灰浆、纸筋石灰浆或喷浆
门窗	普通钢、木门窗，铁质五金配件

二、室内装饰工程的项目组成

项目是在一定的约束条件下，具有特定目标的、一次性的任务，包含着策划、评估、计划、实施、控制、协调、结束等基本内容。一个工程项目可以由大到小分为建设项目、单项工程、单位工程、分部工程、分项工程五个层级。

1. 建设项目

建设项目又称投资项目，一般是指经批准按照一份设计任务书的范围进行施工，经济上实行统一核算，行政上具有独立组织形式的建设工程实体，可发挥相应的设计综合功能。一个建设项目一般来说由几个或若干个单项工程构成，也可以是一个独立工程。在民用建设工程中，一所学校、一所宾馆、一个机关单位等为一个建设项目。

2. 单项工程

单项工程又称工程项目，是建设项目的组成部分，一个建设项目可能只有一个单项工程，也可能由若干个单项工程组成。单项工程具有独立的设计文件，能够单独编制综合预算，能够单独施工，建成后可以独立发挥生产能力或实用效益。如一所学校中的各栋教学楼、学生宿舍、图书馆等。

3. 单位工程

单位工程是单项工程的组成部分。凡是具有单独设计，可以独立施工，但完工后不能独立发挥生产能力或效益的工程，成为一个单位工程。一个单项工程一般都由若干个单位工程所组成。装饰工程是一个独立的单位工程。

4. 分部工程

分部工程是单位工程的组成部分，一般按单位工程的各个部位、主要结构、使用材料或施工方法等的不同而划分。如建筑装饰单位工程可分为楼地面工程、墙柱面工程、天棚工程、门窗工程、涂装工程、脚手架及其他工程等分部工程。

5. 分项工程

分项工程是分部工程的组成部分，根据分部工程的划分原则，将分部工程再进一步划分成若干个细部，就是分项工程，如墙柱面装饰工程中内墙瓷砖饰面工程、内墙花面砖饰面工程、外墙釉面砖饰面工程等均为分项工程。

分项工程是各地区现行专业消耗量定额确定人工、材料、机械台班消耗量与定额单价的基本定价单位。

第二节　室内装饰工程预算的概念与分类

室内装饰工程预算是每一个室内设计人员、工程管理人员都必须掌握的专业内容。它是在学习室内装修工程和装饰材料等理论的基础上，进一步学习装饰工程中设计概算、施工图预算、施工预算及成本控制、费用管理、定额编制、工程结算等理论，为科学管理装饰工程、最大限度地提高企业经济效益打下良好的基础。

一、室内装饰工程预算的概念和作用

1. 室内装饰工程预算的概念

室内装饰工程预算是装饰设计文件的重要组成部分，是在执行基本建设程序过程中，根据不同设计阶段的装饰工程设计文件的和国家规定的装饰工程定额、各项费用取费率标准及材料预算价格等资料，预先计算和确定每项新建或改建装饰工程所需要的全部投资额的经济文件。在实际工作中，室内装饰工程预算所确定的投资额，实质上就是室内装饰工程的计划价格。这种计划价格在工程建设工作中，通常又称为"概算造价"或"预算造价"。因此，人们又对装饰工程设计预算和施工图预算统称为室内装饰工程预算。

根据我国现行的设计和预算文件编制及管理办法，对工业、民用建设工程项目预算做了规定：对于两阶段设计的建设项目，在扩大初步设计阶段必须编制设计概算；在施工图设计阶段必须编制施工图预算。对于三阶段设计建设项目，除了在初步设计和施工图设计的阶段必须编制相应的概算和施工图预算外，还必须在技术设计阶段修正概算。因此，不同阶段设计的室内装饰工程，也必须编制相应的概算和预算。

2. 室内装饰工程预算的作用

室内装饰工程预算是企业进行经济核算、成本控制、技术经济分析、施工管理、制订计划以及竣工决算的重要依据。建筑装饰施工单位（施工方或称乙方）和建设单位（房主或称甲方）依据预算来签订工程承包含同、拨付工程价款、办理工程结算价款。在实行招标承包制的情况下，室内装饰工程预算是建设单位（甲方）确定标底和施工单位（乙方）投标报价的依据。

室内装饰工程预算也是设计管理的重要内容和环节。预算是施工企业（乙方）编制计划，统计和完成施工产值的依据，是设计企业进行装饰工程费用估算的重要内容，也是装饰企业进行成本核算的依据。

因此，装饰工程预算是室内设计、室内装修技术人员、管理人员所必须掌握的一个融技术性和技巧性为一体的课程。

二、室内装饰工程预算的分类

为了对装饰工程进行全面而有效的经济管理，在工程项目的各个阶段都必须编制有关的经济文件，这些不同经济文件的投资额则要根据其主要内容要求，由不同测算工作来完成。因此，室内装饰工程投资额按照基本建设阶段和编制依据的不同，装饰工程投资文件可分为工程投资估算、设计概算、施工图预算、施工预算和竣工决算等5种形式。

1. 室内装饰工程预算的分类

（1）投资估算

建筑装饰工程投资估算是指建设单位根据设计任务数的工程规模，根据概算指标或估算指标、取费标准及有关技术经济资料等编制的建筑装饰工程所需费用的技术经济文件，是设计（计划）任务书的主要内容之一，也是审批立项的主要依据。

（2）设计概算

建筑装饰工程设计概算是指设计单位根据工程规划或初步设计图样、概算定额、取费标准及有关技术经济资料等编制的建筑装饰工程所需费用的经济文件。它是编制基本建设年度计划、控制工程拨（贷）款、控制施工图预算和实行工程大包干的基本依据。

设计概算应该由设计单位负责编制，包括概算编制说明、工程概算表和主要材料用工汇总表等内容。如果项目中进行了技术设计，在设计概算的基础上要进行修正总概算。

（3）施工图预算

建筑装饰工程施工图预算是指当建筑装饰工程的设计概算批准后，在建筑装饰工程施工图样设计完成的基础上，由编制单位根据施工图样、本地区建筑装饰工程消耗量定额和费用定额等文件编制的单位建筑装饰工程预算价值的工程费用文件。它是确定建筑装饰工程造价、签订工程承发包合同、办理工程款项和实行财务监督的依据。

（4）施工预算

建筑装饰工程施工预算是施工单位在签订工程合同后，根据施工图样、施工定额（企业定额）和有关资料计算出施工期间所应投入的人工、材料数量和价格等的内部工程预算。它是施工企业加强施工管理、进行工程成本核算、下达施工任务和拟定节约措施的基本依据。

施工预算由承包单位编制，施工预算的内容包括工程量计算、人工材料数量计算、两算对比和对比结果的整改措施。

（5）竣工结（决）算

建筑装饰工程竣工结（决）算是指工程竣工验收后的结算和决算。竣工结算是以单位工程施工图预算为基础，补充实际所发生的费用内容，由施工单位编制的结清工程款项的工程结算。竣工决算是投资方（业主）以单位工程的竣工结算为基础，对工程项目的全部费用开支进行最终核算的财务费用

清算。建筑装饰工程竣工结（决）算是考核建筑装饰工程（概）预算完成额和执行情况的最终依据。

2. 不同类型预算的对比

不同类型预算的对比情况，如表1-6所示。

表1-6　不同类型预算的对比

预算类型	编制时段	编制单位	主要编制依据	主要作用
投资估算	可行性研究阶段	建设单位（或委托的工程咨询机构）	投资	投资决策的依据
设计概算	初步设计或扩大初步设计	设计单位	概算定额	控制投资及造价
施工图预算	工程承发包阶段	建设单位（或委托的工程咨询机构），施工单位	预算定额	编制标底、投标报价、确定工程合同价
施工预算	施工阶段	施工单位	施工定额	企业内部成本、施工进度控制
竣工结算	竣工验收前	施工单位	预算定额、设计及施工变更资料	确定工程项目建造价格
竣工决算	竣工验收后	建设单位（或委托的工程咨询机构）	预算定额、工程建设其他费用定额	确定工程项目实际投资

第三节　定额计价与清单计价

室内装饰工程预算的内容较为庞杂，涉及的知识面很广，知识点很多。为了使学习思路清晰，在这一章有必要让大家有一个总体性的认识。我们从日常生活中得知，计算价格就是"数量"和"单价"相乘；实际上，预算最主要的工作任务也是如此——计算工程的数量，取得相应的单价，然后进行计算。如何"计量"，有"计量规则"；如何"计价"，有"计价规范"。我国现行的预算计价有两大方式：一为定额计价，一为清单计价。定额计价和清单计价是本书讨论的主线，在此先对这两个概念做一个铺垫性的阐释。

一、定额计价和清单计价的概念

1. 定额与定额计价

（1）定额

在生产经营活动中，根据一定的技术条件和组织条件，规定为完成一定的单位合格产品（或工作）所需要消耗的人力、物力或财力的数量标准。它是经济管理的一种工具，是科学管理的基础，定额是具有科学性、法令性和群众性，它反映的是一种社会平均水平。

（2）定额计价

定额计价是以图纸为依据，根据定额计算规则计算工程量，套用定额子目，按照费用定额标准和计价程序，并调整地区人工、材料、机械台班的市场价格进行编制的。

定额计价的原理是按照定额子目的划分原则，将图纸设计的内容划分为计算造价的基本单位，即进行项目的划分，计算确定每个项目的工程量，然后选套相应的定额，再计取工程的各项费用，最后汇总得到整个工程造价。

2. 工程量清单与清单计价

（1）工程量清单

工程量清单是表现拟建工程的分部分项工程项目、措施项目、其他项目等名称和相应数量的明细清单。

（2）清单计价

工程量清单计价是市场经济条件下建设工程计价的一种方法，是采用工程量清单和综合单价的方式，编制和确定设计概算、招标标底或控制价、投标报价、施工图预算、合同价、工程结算的计价方法。

在招投标过程中，工程量清单计价是按照业主在招标文件中规定的工程量清单和有关说明，由投标方根据政府颁布的有关规定进行清单项目的单价分析，然后进行清单填报的计价模式。

二、定额计价和清单计价的区别

工程量清单计价的本质是要改变政府定价模式，建立起市场形成造价机制。在这个前提下来讨论定额计价和清单计价的区别，主要有以下几个方面。

1. 计价依据不同

计价依据的不同是清单计价和按定额计价的最根本区别。定额计价的计价依据国家现行的预算定额（单位估价表）及费用定额的规定，其所报的工程造价实际上是社会平均价。而工程量清单计价的主要依据是企业定额，即根据本企业的施工技术和管理水平，以及有关工程造价资料制定的定额，是投标人自身管理能力、技术装备水平等水平的体现。

2. 项目设置不同

定额计价的工程项目划分一般按照工序划分；工程量清单则是按综合实体进行分项的，每个分项工程一般包含多项工程内容。因此，工程量清单计价的工程项目划分较之定额项目的划分有较大的综合性，它考虑工程部位、材料、工艺特征，但不考虑具体的施工方法或措施，如人工或机械、机械的不同型号等。

因此，清单计价相对来说能够减少原来定额对于施工企业工艺方法选择的限制，报价时有更多的自主性。

3. 编制工程量不同

在定额计价方法中，建设工程的工程量分别由招标人与投标人按设计图纸计算，计算规则执行的是计价定额（即消耗量定额）的规定。在清单计价方法中，工程量由招标人或委托有工程造价咨询资质的单位，根据《计价规范》各附录中的工程量计算规则统一计算，工程量清单是招标文件的重要组成部分；组成清单项目的各个定额分项工程的工程量，由投标人根据计价定额规定的工程量计算规则计算，并执行相应计价定额组成综合单价。

4. 费用组成不同

定额计价的单价是工料单价，即只包括人工、材料、机械费。清单计价的单价一般为综合单

价，除了人工、材料、机械费，还要包括管理费（现场管理费和企业管理费）、利润和必要的风险费。

定额计价的费用由直接工程费、间接费、利润、税金构成，计价时先计算直接费，再以直接费（或其中的人工费）为基数计算各项费用、利润、税金，汇总为单位工程造价。清单计价的费用由工程量清单费用（＝Σ清单工程量×项目综合单价）、措施项目清单费用、其他项目清单费用、规费、税金五部分构成单位工程造价。

5. 合同价格的调整方式不同

定额计价形成的合同，其价格的主要调整方式有变更签证、定额解释、政策性调整，往往调整内容较多，容易引起纠纷。

工程量清单计价在一般情况下单价是相对固定下来的，综合单价基本上是包死的。这减少了在合同实施过程中的调整因素。在通常情况下，如果清单项目的数量没有增减，能够保证合同价格基本没有调整，保证了其稳定性，也便于业主进行资金准备和筹划。

6. 风险处理的方式不同

工程预算定额计价，风险只在投资一方，所有的风险在不可预见费中考虑；结算时，按合同约定，可以调整。可以说投标人没有风险，不利于控制工程造价。

工程量清单计价，使招标人与投标人风险合理分担，工程量上的风险由甲方承担，单价上的风险由乙方承担。投标人对自己所报的成本、综合单价负责，还要考虑各种风险对价格的影响，综合单价一经合同确定，结算时不可以调整（除工程量有变化），且对工程量的变更或计算错误不负责任；招标人相应在计算工程量时要准确，对于这一部分风险应由招标人承担，从而有利于控制工程造价。

三、定额计价和清单计价的联系

首先，就目前阶段而言，在企业还没有制定定额或尚不完整的情况下，政府发布的社会平均消耗量定额可供企业参考使用。这样，也有利于推动企业建立自己的消耗量标准，实现从定额计价向工程量清单计价的逐步转换。

其次，现行定额也可认为是工程量清单计价的基础。传统观念上的定额包括工程量计算规则、消耗量水平、单价、费用定额的项目和标准，而现在谈及的工程量清单计价与定额关系中的"定额"，仅特指消耗量水平（标准）。原来的定额计价是以消耗量水平为基础，配上单价、费用标准等用以计价。工程量清单虽然也以消耗量水平作为基础，但是单价、费用的标准等，政府都不再作规定，而是由"政府宏观调控，市场形成价格"。用发展的眼光来看，工程量清单计价应该抛开政府发布的社会平均水平的消耗量标准，而使用企业自己的消耗量作为编制工程量清单的基础，编制出反映企业自己的消耗水平，反映企业实际竞争能力的报价书。

小　结

室内装饰是以美学原理为依据，以各种现代装饰材料为基础，通过室内设计、工程施工等一系列的工程活动，来实现改善室内物理环境、完善使用功能、美化和渲染空间环境等目的。一个室内工程项目可以由大到小分为建设项目、单项工程、单位工程、分部工程、分项工程五个层级。

室内装饰工程计价根据专业特点和发展的不同阶段，可采用不同的计价方法，通常采用定额计价和清单计价方法。工程量清单计价是市场经济的产物，但定额在"市场形成价格"的过程中也起着重要的作用。

思考与练习

一、单项选择题

1. 建设工程项目不包括以下哪些内容？（　　　）

A. 建筑工程　B. 安装工程　C. 施工图预算　D. 园林工程

2. 具有独立的设计文件，可独立组织施工，但建成后不能独立发挥生产或效益的工程是指（　　　）。

A. 建设项目　B. 单位工程　C. 分项工程　D. 单项工程

3. 某商场的顶棚工程是（　　　）。

A. 单项工程　B. 单位工程　C. 分部工程　D. 分项工程

4. 下列哪项是由施工方编制完成的？（　　　）

A. 投资估算　B. 设计概算　C. 施工图预算　D. 竣工决算

5. 以下关于投资估算的说法正确的是（　　　）。

A. 投资估算是在施工图设计阶段完成的

B. 投资估算不是根据平方米、立方米、产量等指标进行的

C. 投资估算是由施工企业编制的

D. 投资估算是控制设计总概算的重要依据

6. 关于定额计价模式的说法正确的是（　　　）。

A. 定额计价模式是与国际接轨的

B. 定额计价模式是市场经济的产物

C. 定额计价模式计价以各地区各部门编制的预算定额为依据

D. 定额计价模式是以综合单价计价的

7. 关于工程量清单计价与定额计价，下列说法正确的是（　　　）。

A. 工程量清单计价采用工料单价法，定额计价采用综合单价计价

B. 两者合同价款调整方式不同

C. 工程量清单由招标人提供，其准确性和完整性由投标人负责

D. 定额计价仅适用于非招投标的建设工程

8. 关于清单计价模式的说法正确的是（　　　）。

A. 清单计价必须以各地区各部门编制的定额为依据

B. 清单计价模式下工程造价是经市场竞争形成的

C. 工程量清单由投标方提供

D. 投标方编制清单报价时不需进行市场询价

9. 清单计价模式下编制装饰装修工程预算的方法是（　　　）。

A. 工料单价法   B. 实物法   C. 理论计算法   D. 综合单价法

10. 清单计价模式下计算的工程造价组成包括(　　　)。

A. 直接工程费   B. 税金   C. 间接费   D. 价差

二、多项选择题

1. 室内装饰工程预算是根据以下哪些内容确定的?(　　　)

A. 招标文件   B. 施工图纸

C. 工程量清单   D. 人、材、机市场单价

2. "室内装饰工程预算"这门课程与以下哪些课程有关?(　　　)

A. 地基基础   B. 装饰材料与施工

C. 装饰构造   D. 建筑装饰施工技术

3. 关于建设项目的分解以下说法正确的是(　　　)。

A. 分项工程没有独立存在的意义,它只是建筑安装工程的一个基本构成要素

B. 分部工程有独立的设计文件,可以独立施工

C. 单位工程是由若干个分部工程组成的,建成后在经济上可以独立核算经营

D. 当分部工程较大或较复杂时,可按材料种类、施工特点、施工程序、专业系统及类别等分为若干子分部工程

第二章　室内装饰工程费用组成与计费程序

教学目标

本章分别从"费用构成要素"和"造价形成"两个方面对费用组成进行分析，并介绍了各组成部分的概念和计算方法；在此基础上对计价程序进行了简要的介绍。本章的主要目的在于了解费用组成的各个部分，熟悉相关概念，从而对工程造价有一个整体的了解，为后面的学习奠定基础。

教学要求

知识要点	能力要求	相关知识
按费用构成要素划分的费用组成	①掌握按构成要素划分的费用组成 ②熟悉各组成要素的概念和内涵 ③熟悉各要素的计算方法	①直接费＝直接工程费＋措施费 ②直接工程费＝人工费＋材料费＋施工机械费 ③措施费的内容 ④间接费的内容 ⑤利润、税金
按造价形成划分的费用组成	①掌握按造价形成划分的费用组成 ②熟悉各组成部分的概念和内涵 ③熟悉各组成部分的计算方法	①投资估算、设计概算、施工图预算、施工预算、竣工结（决）算 ②编制依据、作用
计价程序	了解三种不同的计价程序	

基本概念

直接费、直接工程费、措施费、间接费、规费、企业管理费、利润、税金、分部分项工程费、措施项目费、其他项目费

引例

一般来说，我们学习一个新的知识先要了解它包含的内容；学习室内装饰工程预算之前，先了解预算的组成部分是非常有必要的。室内装饰工程属于建筑工程的一部分，其费用构成也应参照建筑工程费用构成来分析。

室内装饰工程的费用按构成要素划分，有哪些内容？按造价形成分又有哪些内容？这些组成部

分又都包括什么内容？分别怎么计算？

例：室内装饰工程费用按照造价形成划分，可包含以下哪些内容？（　　　）

A．分部分项工程费　B．措施项目费　C．其他项目费

D．利润　E．税金

例：以下哪项不属于直接费？

A．人工费　B．材料费　C．企业管理费　D．措施费

室内装饰工程属于房屋建筑工程的一部分，其费用的构成与建筑安装工程费用项目组成是相同的。我国在2013年由建设部和国家质量监督总局发布了《建设工程工程量清单计价规范》（GB50500－2013），它是在2003年、2008年的清单计价规范的基础上进行修订并于2013年7月1日开始实施。

根据住房城乡建设部、财政部印发的《建筑安装工程费用项目组成》，建筑安装工程费用项目组成可按照费用构成要素或造价形成来划分。室内装饰工程属于建筑安装工程的一个分项，本书的室内装饰工程费用组成和计价程序均是参照《建筑安装工程项目费用组成》来编写的，在本章中将分别按照构成要素与造价形成来划分费用组成，并就此两种划分方式来分别进行组成分析和计算方法的分析。

第一节　按费用构成要素划分

按费用构成要素划分，建筑安装工程造价是由直接费、间接费、利润和税金四个部分组成的。如图2－1所示。

一、费用组成

根据《建筑安装工程费用项目组成》，室内装饰工程费也可按照费用构成要素划分，由人工费、材料（包含工程设备，下同）费、施工机具使用费、企业管理费、利润、规费和税金组成。其中人工费、材料费、施工机具使用费、企业管理费和利润包含在分部分项工程费、措施项目费、其他项目费中。

1. 人工费

人工费是指按工资总额构成规定，支付给从事建筑安装工程施工的生产工人和附属生产单位工人的各项费用。内容包括：

（1）计时工资或计件工资

计时工资或计件工资是指按计时工资标准和工作时间或对已做工作按计件单价支付给个人的劳动报酬。

（2）奖金

奖金是指对超额劳动和增收节支支付给个人的劳动报酬。如节约奖、劳动竞赛奖等。

（3）津贴补贴

津贴补贴指为了补偿职工特殊或额外的劳动消耗和因其他特殊原因支付给个人的津贴，以及为了保证职工工资水平不受物价影响支付给个人的物价补贴。如流动施工津贴、特殊地区施工津贴、

建筑安装工程费用项目组成表
（按费用构成要素划分）

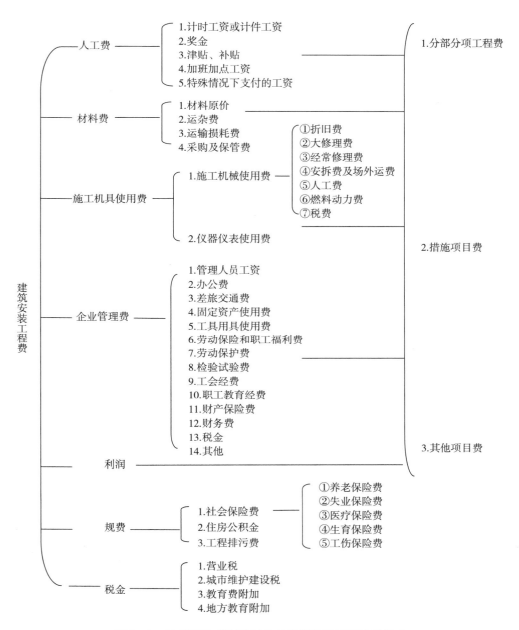

图2-1　按费用构成要素划分的建筑安装工程费用组成

高温（寒）作业临时津贴、高空津贴等。

（4）加班加点工资

加班加点工资是指按规定支付的在法定节假日工作的加班工资和在法定日工作时间外延时工作的加点工资。

（5）特殊情况下支付的工资

特殊情况下支付的工资是指根据国家法律、法规和政策规定，因病、工伤、产假、计划生育

假、婚丧假、事假、探亲假、定期休假、停工学习、执行国家或社会义务等原因按计时工资标准或计时工资标准的一定比例支付的工资。

2. 材料费

材料费是指施工过程中耗费的原材料、辅助材料、构配件、零件、半成品或成品、工程设备的费用。内容包括：

（1）材料原价

材料原价是指材料、工程设备的出厂价格或商家供应价格。

（2）运杂费

运杂费是指材料、工程设备自来源地运至工地仓库或指定堆放地点所发生的全部费用。

（3）运输损耗费

运输损耗费是指材料在运输装卸过程中不可避免的损耗。

（4）采购及保管费

采购及保管费是指为组织采购、供应和保管材料、工程设备的过程中所需要的各项费用。包括采购费、仓储费、工地保管费、仓储损耗。

工程设备是指构成或计划构成永久工程一部分的机电设备、金属结构设备、仪器装置及其他类似的设备和装置。

3. 施工机具使用费

施工机具使用费是指施工作业所发生的施工机械、仪器仪表使用费或其租赁费。

（1）施工机械使用费

施工机械使用费以施工机械台班耗用量乘以施工机械台班单价表示，施工机械台班单价应由下列七项费用组成：

① 折旧费：是指施工机械在规定的使用年限内，陆续收回其原值的费用。

② 大修理费：是指施工机械按规定的大修理间隔台班进行必要的大修理，以恢复其正常功能所需的费用。

③ 经常修理费：是指施工机械除大修理以外的各级保养和临时故障排除所需的费用。包括为保障机械正常运转所需替换设备与随机配备工具附具的摊销和维护费用，机械运转中日常保养所需润滑与擦拭的材料费用及机械停滞期间的维护和保养费用等。

④ 安拆费及场外运费：安拆费是指施工机械（大型机械除外）在现场进行安装与拆卸所需的人工、材料、机械和试运转费用以及机械辅助设施的折旧、搭设、拆除等费用；场外运费是指施工机械整体或分体自停放地点运至施工现场或由一施工地点运至另一施工地点的运输、装卸、辅助材料及架线等费用。

⑤ 人工费：是指机上司机（司炉）和其他操作人员的人工费。

⑥ 燃料动力费：是指施工机械在运转作业中所消耗的各种燃料及水、电等。

⑦ 税费：是指施工机械按照国家规定应缴纳的车船使用税、保险费及年检费等。

（2）仪器仪表使用费

仪器仪表使用费是指工程施工所需使用的仪器仪表的摊销及维修费用。

4. 企业管理费

企业管理费是指建筑安装企业组织施工生产和经营管理所需的费用。内容包括：

（1）管理人员工资：是指按规定支付给管理人员的计时工资、奖金、津贴补贴、加班加点工资及特殊情况下支付的工资等。

（2）办公费：是指企业管理办公用的文具、纸张、账表、印刷、邮电、书报、办公软件、现场监控、会议、水电、烧水和集体取暖降温（包括现场临时宿舍取暖降温）等费用。

（3）差旅交通费：是指职工因公出差、调动工作的差旅费、住勤补助费，市内交通费和误餐补助费，职工探亲路费，劳动力招募费，职工退休、退职一次性路费，工伤人员就医路费，工地转移费以及管理部门使用的交通工具的油料、燃料等费用。

（4）固定资产使用费：是指管理和试验部门及附属生产单位使用的属于固定资产的房屋、设备、仪器等的折旧、大修、维修或租赁费。

（5）工具用具使用费：是指企业施工生产和管理使用的不属于固定资产的工具、器具、家具、交通工具和检验、试验、测绘、消防用具等的购置、维修和摊销费。

（6）劳动保险和职工福利费：是指由企业支付的职工退职金、按规定支付给离休干部的经费以及集体福利费、夏季防暑降温、冬季取暖补贴、上下班交通补贴等。

（7）劳动保护费：是企业按规定发放的劳动保护用品的支出。如工作服、手套、防暑降温饮料以及在有碍身体健康的环境中施工的保健费用等。

（8）检验试验费：是指施工企业按照有关标准规定，对建筑以及材料、构件和建筑安装物进行一般鉴定、检查所发生的费用，包括自设试验室进行试验所耗用的材料等费用。不包括新结构、新材料的试验费，对构件做破坏性试验及其他特殊要求检验试验的费用和建设单位委托检测机构进行检测的费用，对此类检测发生的费用，由建设单位在工程建设其他费用中列支。但对施工企业提供的具有合格证明的材料进行检测不合格的，该检测费用由施工企业支付。

（9）工会经费：是指企业按《工会法》规定的全部职工工资总额比例计提的工会经费。

（10）职工教育经费：是指按职工工资总额的规定比例计提，企业为职工进行专业技术和职业技能培训，专业技术人员继续教育、职工职业技能鉴定、职业资格认定以及根据需要对职工进行各类文化教育所发生的费用。

（11）财产保险费：是指施工管理用财产、车辆等的保险费用。

（12）财务费：是指企业为施工生产筹集资金或提供预付款担保、履约担保、职工工资支付担保等所发生的各种费用。

（13）税金：是指企业按规定缴纳的房产税、车船使用税、土地使用税、印花税等。

（14）其他：包括技术转让费、技术开发费、投标费、业务招待费、绿化费、广告费、公证费、法律顾问费、审计费、咨询费、保险费等。

5. 利润

利润是指施工企业完成所承包工程获得的盈利。

6. 规费

规费是指按国家法律、法规规定，由省级政府和省级有关权力部门规定必须缴纳或计取的费用。包括：

（1）社会保险费

① 养老保险费：是指企业按照规定标准为职工缴纳的基本养老保险费。

② 失业保险费：是指企业按照规定标准为职工缴纳的失业保险费。

③ 医疗保险费：是指企业按照规定标准为职工缴纳的基本医疗保险费。

④ 生育保险费：是指企业按照规定标准为职工缴纳的生育保险费。

⑤ 工伤保险费：是指企业按照规定标准为职工缴纳的工伤保险费。

（2）住房公积金

住房公积金是指企业按规定标准为职工缴纳的住房公积金。

（3）工程排污费

工程排污费是指按规定缴纳的施工现场工程排污费。

其他应列而未列入的规费，按实际发生计取。

7. 税金

税金是指国家税法规定的应计入建筑安装工程造价内的营业税、城市维护建设税、教育费附加以及地方教育附加。

二、计算方法

1. 人工费

公式①：

$$人工费 = \sum（工日消耗量 \times 日工资单价）$$

$$日工资单价 = \frac{生产工人平均月工资（计时、计件）+平均月（奖金+津贴补贴+特殊情况下支付的工资）}{年平均每月法定工作日}$$

注：公式①主要适用于施工企业投标报价时自主确定人工费，也是工程造价管理机构编制计价定额确定定额人工单价或发布人工成本信息的参考依据。

公式②：

$$人工费 = \sum（工程工日消耗量 \times 日工资单价）$$

日工资单价是指施工企业平均技术熟练程度的生产工人在每工作日（国家法定工作时间内）按规定从事施工作业应得的日工资总额。

工程造价管理机构确定日工资单价应通过市场调查、根据工程项目的技术要求，参考实物工程量人工单价综合分析确定，最低日工资单价不得低于工程所在地人力资源和社会保障部门所发布的最低工资标准的：普工 1.3 倍、一般技工 2 倍、高级技工 3 倍。

工程计价定额不可只列一个综合工日单价，应根据工程项目技术要求和工种差别适当划分多种日人工单价，确保各分部工程人工费的合理构成。

注：公式②适用于工程造价管理机构编制计价定额时确定定额人工费，是施工企业投标报价的参考依据。

2. 材料费

（1）材料费

$$材料费 = \sum（材料消耗量 \times 材料单价）$$

材料单价＝[（材料原价＋运杂费）×〔1＋运输损耗率（%）〕]×[1＋采购保管费率（%）]

（2）工程设备费

$$工程设备费＝\sum（工程设备量×工程设备单价）$$

3. 施工机具使用费

（1）施工机械使用费

$$施工机械使用费＝\sum（施工机械台班消耗量×机械台班单价）$$

机械台班单价＝台班折旧费＋台班大修费＋台班经常修理费＋台班安拆费及场外运费＋台班人工费＋台班燃料动力费＋台班车船税费

注：工程造价管理机构在确定计价定额中的施工机械使用费时，应根据《建筑施工机械台班费用计算规则》，结合市场调查编制施工机械台班单价。施工企业可以参考工程造价管理机构发布的台班单价，自主确定施工机械使用费的报价，如租赁施工机械，公式为：施工机械使用费＝$\sum$（施工机械台班消耗量×机械台班租赁单价）

（2）仪器仪表使用费

$$仪器仪表使用费＝工程使用的仪器仪表摊销费＋维修费$$

4. 企业管理费费率

（1）以分部分项工程费为计算基础

$$企业管理费费率（\%）＝\frac{生产工人年平均管理费}{年有效施工天数×人工单价}×人工费占分部分项工程费比例（\%）$$

（2）以人工费和机械费合计为计算基础

$$企业管理费费率（\%）＝\frac{生产工人年平均管理费}{年有效施工天数×（人工单价＋每一工日机械使用费）}×100\%$$

（3）以人工费为计算基础

$$企业管理费费率（\%）＝\frac{生产工人年平均管理费}{年有效施工天数×人工单价}×100\%$$

注：上述公式适用于施工企业投标报价时自主确定管理费，是工程造价管理机构编制计价定额确定企业管理费的参考依据。

工程造价管理机构在确定计价定额中的企业管理费时，应以定额人工费或"定额人工费＋定额机械费"作为计算基数，其费率根据历年工程造价积累的资料，辅以调查数据确定，列入分部分项工程和措施项目中。

5. 利润

（1）施工企业根据企业自身需求并结合建筑市场实际自主确定，列入报价中。

（2）工程造价管理机构在确定计价定额中的利润时，应以定额人工费或"定额人工费＋定额机械费"作为计算基数，其费率根据历年工程造价积累的资料，并结合建筑市场实际确定，以单位（单项）工程测算，利润在税前建筑安装工程费的比重可按不低于5%且不高于7%的费率计算。利润应列入分部分项工程和措施项目中。

6. 规费

（1）社会保险费和住房公积金

社会保险费和住房公积金应以定额人工费为计算基础，根据工程所在地省、自治区、直辖市或行业建设主管部门规定费率计算。

$$社会保险费和住房公积金＝\sum（工程定额人工费×社会保险费和住房公积金费率）$$

式中：社会保险费和住房公积金费率可以每万元发承包价的生产工人人工费和管理人员工资含量与工程所在地规定的缴纳标准综合分析取定。

（2）工程排污费

工程排污费等其他应列而未列入的规费应按工程所在地环境保护等部门规定的标准缴纳，按实计取列入。

7. 税金

税金计算公式：

$$税金＝税前造价×综合税率（\%）$$

综合税率：

（1）纳税地点在市区的企业

$$综合税率（\%）=\frac{1}{1-3\%-（3\%×7\%）-（3\%×3\%）-（3\%×2\%）}-1$$

（2）纳税地点在县城、镇的企业

$$综合税率（\%）=\frac{1}{1-3\%-（3\%×5\%）-（3\%×3\%）-（3\%×2\%）}-1$$

（3）纳税地点不在市区、县城、镇的企业

$$综合税率（\%）=\frac{1}{1-3\%-（3\%×1\%）-（3\%×3\%）-（3\%×2\%）}-1$$

（4）实行营业税改增值税的，按纳税地点现行税率计算。

【例2-1】某住宅楼室内装饰工程的直接工程费为950 000元，已知环境保护费为0.5％，安全、文明施工费率为1.25％，二次搬运费率为1.05％，该工程临时设施费为6 000元，脚手架搭拆费8 500元，已完工程成品保护费2 500元，夜间施工增加费为7 600元，试确定该工程的措施费。

【解】根据某省费用定额规定列表计算该工程措施费，如表2-1所示。

表2-1 措施费计算表

序 号	费用名称	计算公式	费率（％）	金额（元）
1	直接工程费			950 000
2	环境保护费	直接工程费×费率	0.5	4 750
3	安全、文明施工费	直接工程费×费率	1.25	11 875
4	二次搬运费	直接工程费×费率	1.05	9 975
5	临时设施费			6 000

（续表）

序　号	费用名称	计算公式	费率（%）	金额（元）
6	脚手架费			8 500
7	已完工程成品保护费			2 500
8	夜间施工费			7 600
9	措施费	2＋3＋4＋5＋6＋7＋8		51 200

【例2-2】某综合楼室内装饰工程的人工费合计为55 000元，间接费率为32%（企业管理费与规费之和），试计算该工程的间接费。

【解】间接费＝55 000×32%＝17 600元

第二节　按造价形成划分

按造价划分，建筑安装工程费是由分部分项工程费、措施项目费、其他项目费、规费、税金五部分组成的，如表2-2所示。

一、费用构成

建筑安装工程费按照工程造价形成由分部分项工程费、措施项目费、其他项目费、规费、税金组成，分部分项工程费、措施项目费、其他项目费包含人工费、材料费、施工机具使用费、企业管理费和利润。

1. 分部分项工程费

分部分项工程费是指各专业工程的分部分项工程应予列支的各项费用。

（1）专业工程

专业工程是指按现行国家计量规范划分的房屋建筑与装饰工程、仿古建筑工程、通用安装工程、市政工程、园林绿化工程、矿山工程、构筑物工程、城市轨道交通工程、爆破工程等各类工程。

（2）分部分项工程

分部分项工程是指按现行国家计量规范对各专业工程划分的项目。如房屋建筑与装饰工程划分的土石方工程、地基处理与桩基工程、砌筑工程、钢筋及钢筋混凝土工程等。室内装饰工程属于房屋建筑与装饰工程这一专业工程分类下的装饰工程。

2. 措施项目费

措施项目费是指为完成建设工程施工，发生于该工程施工前和施工过程中的技术、生活、安全、环境保护等方面的费用。内容包括：

（1）安全文明施工费

① 环境保护费：是指施工现场为达到环保部门要求所需要的各项费用。

② 文明施工费：是指施工现场文明施工所需要的各项费用。

③ 安全施工费：是指施工现场安全施工所需要的各项费用。

建筑安装工程费用项目组成表
（按造价形成划分）

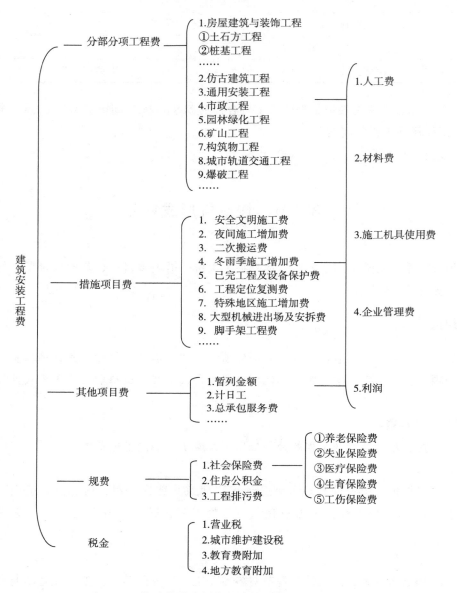

表 2-2　按造价形成划分的建筑安装工程费用组成

④ 临时设施费：是指施工企业为进行建设工程施工所必须搭设的生活和生产用的临时建筑物、构筑物和其他临时设施费用。包括临时设施的搭设、维修、拆除、清理费或摊销费等。

（2）夜间施工增加费

夜间施工费是指因夜间施工所发生的夜班补助费、夜间施工降效、夜间施工照明设备摊销及照明用电等费用。

（3）二次搬运费

二次搬运费是指因施工场地条件限制而发生的材料、构配件、半成品等一次运输不能到达堆放地点，必须进行二次或多次搬运所发生的费用。

（4）冬雨季施工增加费

冬雨季施工增加费是指在冬季或雨季施工需增加的临时设施、防滑、排除雨雪，人工及施工机械效率降低等费用。

（5）已完工程及设备保护费

已完工程及设备保护费是指竣工验收前，对已完工程及设备采取的必要保护措施所发生的费用。

（6）工程定位复测费

工程定位复测费是指工程施工过程中进行全部施工测量放线和复测工作的费用。

（7）特殊地区施工增加费

特殊地区施工增加费是指工程在沙漠或其边缘地区、高海拔、高寒、原始森林等特殊地区施工增加的费用。

（8）大型机械设备进出场及安拆费

大型机械设备进出场及安拆费是指机械整体或分体自停放场地运至施工现场或由一个施工地点运至另一个施工地点，所发生的机械进出场运输与转移费用及机械在施工现场进行安装、拆卸所需的人工费、材料费、机械费、试运转费和安装所需的辅助设施的费用。

（9）脚手架工程费

脚手架工程费是指施工需要的各种脚手架搭、拆、运输费用以及脚手架购置费的摊销（或租赁）费用。

措施项目及其包含的内容详见各类专业工程的现行国家或行业计量规范。

3. 其他项目费

（1）暂列金额

暂列金额是指建设单位在工程量清单中暂定并包括在工程合同价款中的一笔款项。用于施工合同签订时尚未确定或者不可预见的所需材料、工程设备、服务的采购，施工中可能发生的工程变更、合同约定调整因素出现时的工程价款调整以及发生的索赔、现场签证确认等的费用。

（2）计日工

计日工是指在施工过程中，施工企业完成建设单位提出的施工图纸以外的零星项目或工作所需的费用。

（3）总承包服务费

总承包服务费是指总承包人为配合、协调建设单位进行的专业工程发包，对建设单位自行采购的材料、工程设备等进行保管以及施工现场管理、竣工资料汇总整理等服务所需的费用。

4. 规费

规费是指按国家法律、法规规定，由省级政府和省级有关权力部门规定必须缴纳或计取的费用。包括：

（1）社会保险费

① 养老保险费：是指企业按照规定标准为职工缴纳的基本养老保险费。

② 失业保险费：是指企业按照规定标准为职工缴纳的失业保险费。

③ 医疗保险费：是指企业按照规定标准为职工缴纳的基本医疗保险费。

④ 生育保险费：是指企业按照规定标准为职工缴纳的生育保险费。

⑤ 工伤保险费：是指企业按照规定标准为职工缴纳的工伤保险费。

（2）住房公积金

住房公积金是指企业按规定标准为职工缴纳的住房公积金。

（3）工程排污费

工程排污费是指按规定缴纳的施工现场工程排污费。

其他应列而未列入的规费，按实际发生计取。

5. 税金

税金是指国家税法规定的应计入建筑安装工程造价内的营业税、城市维护建设税、教育费附加以及地方教育附加。

二、计算方法

1. 分部分项工程费

$$分部分项工程费 = \sum（分部分项工程量 \times 综合单价）$$

式中：综合单价包括人工费、材料费、施工机具使用费、企业管理费和利润以及一定范围的风险费用（下同）。

2. 措施项目费

（1）国家计量规范规定应予计量的措施项目，其计算公式为：

$$措施项目费 = \sum（措施项目工程量 \times 综合单价）$$

（2）国家计量规范规定不宜计量的措施项目计算方法如下：

① 安全文明施工费

$$安全文明施工费 = 计算基数 \times 安全文明施工费费率（\%）$$

计算基数应为定额基价（定额分部分项工程费＋定额中可以计量的措施项目费）、定额人工费或"定额人工费＋定额机械费"，其费率由工程造价管理机构根据各专业工程的特点综合确定。

② 夜间施工增加费

$$夜间施工增加费 = 计算基数 \times 夜间施工增加费费率（\%）$$

③ 二次搬运费

$$二次搬运费 = 计算基数 \times 二次搬运费费率（\%）$$

④ 冬雨季施工增加费

$$冬雨季施工增加费 = 计算基数 \times 冬雨季施工增加费费率（\%）$$

⑤ 已完工程及设备保护费

$$已完工程及设备保护费 = 计算基数 \times 已完工程及设备保护费费率（\%）$$

上述②～⑤项措施项目的计费基数应为定额人工费或"定额人工费＋定额机械费"，其费率由工程造价管理机构根据各专业工程特点和调查资料综合分析后确定。

3. 其他项目费

（1）暂列金额由建设单位根据工程特点，按有关计价规定估算，施工过程中由建设单位掌握使用、扣除合同价款调整后如有余额，归建设单位。

（2）计日工由建设单位和施工企业按施工过程中的签证计价。

（3）总承包服务费由建设单位在招标控制价中根据总包服务范围和有关计价规定编制，施工企业投标时自主报价，施工过程中按签约合同价执行。

4. 规费和税金

建设单位和施工企业均应按照省、自治区、直辖市或行业建设主管部门发布的标准计算规费和税金，不得作为竞争性费用。

第三节　室内装饰工程计价的计费程序

室内装饰工程造价的理论计算程序分为三种。

一、以直接费为计算基础

以直接费为计算基础的计价程序，见表 2-2 所示。

表 2-2　以直接费为计算基础的室内装饰工程造价计算程序

序　号	费用项目	计算方法	备　注
1	直接工程费	按预算表	
2	措施费	按规定标准计算	
3	小计	（1）+（2）	
4	间接费	（3）×相应费率	
5	利润	［（3）+（4）］×相应利润率	
6	合计	（3）+（4）+（5）	
7	含税造价	（6）×（1+相应税率）	

二、以人工费和机械费为计算基础

以人工费和机械费为计算基础的计价程序，见表 2-3 所示。

表 2-3　以人工费和机械为计算基础的室内装饰工程计价程序

序　号	费用项目	计算方法	备　注
1	直接工程费	按预算表	
2	其中人工费和机械费	按预算表	
3	措施费	按规定标准计算	
4	其中人工费和机械费	按规定标准计算	

序　号	费用项目	计算方法	备　注
5	小计	（1）＋（3）	
6	人工费和机械费小计	（2）＋（4）	
7	间接费	（6）×相应费率	
8	利润	（6）×相应利润率	
9	合计	（5）＋（7）＋（8）	
10	含税造价	（9）×（1＋相应税率）	

三、以人工费为计算基础

以人工费为计算基础的计价程序，见表2-4所示。

表2-4　以人工费为计算基础的室内装饰工程计价程序

序　号	费用项目	计算方法	备　注
1	直接工程费	按预算表	
2	直接工程费中人工费	按预算表	
3	措施费	按规定标准计算	
4	措施费中人工费	按规定标准计算	
5	小计	（1）＋（3）	
6	人工费小计	（2）＋（4）	
7	间接费	（6）×相应费率	
8	利润	（6）×相应利润率	
9	合计	（5）＋（7）＋（8）	
10	含税造价	（9）×（1＋相应税率）	

小　结

本章所讨论的室内装饰工程费用的组成，是参照住建部、财政部印发的《建筑安装工程费用项目组成》来编写的。为了帮助读者对费用组成有一个宏观的了解，本章没有将装饰工程项目的费用从建安工程费中剔出讲解。

"按费用构成要素划分"和"按造价形成划分"，这两种划分方式具有一定的相关性，其中有一部分的概念是相通的。在学习费用组成时，最好对两者进行对比，以加强理解。

本章涉及的概念很多，可能在短时间内难以全部理解。但是，如果能很好地掌握这些概念，后面的学习就会轻松得多。否则，则需要在后面学习的过程中不断进行回顾复习。

思考与练习

一、单项选择题

1. 以下哪一项不属于直接工程费？（　　　）

A. 人工费　　　　　B. 材料费　　　　　C. 施工机械费　　　　　D. 措施费

2. 以下哪一项不属于直接工程费中人工费的内容？（　　　）

A. 生产工人探亲期间的工资　　　　　B. 生产工人调动工作期间的工资

C. 因气候影响停工期间的工资　　　　　D. 生产工人休病假10个人期间的工资

3. 管理人员的工资属于（　　　）。

A. 人工费　　　　　B. 规费　　　　　C. 企业管理费　　　　　D. 直接工程费

4. 住房公积金是（　　　）。

A. 企业管理费　　　　B. 规费　　　　　C. 财产保险费　　　　　D. 利润

5. 夜间施工费属于（　　　）

A. 规费　　　　　B. 企业管理费　　　　C. 人工费　　　　　D. 措施费

6. 下列各项中不属于材料预算价格的是（　　　）。

A. 材料原价　　　　B. 材料运输费　　　　C. 材料采购费　　　　D. 材料二次搬运费

7. 下列费用中属于直接工程费的是（　　　）。

A. 办公费　　　　　B. 文明施工费　　　　C. 管理人员工资　　　　D. 现场工人基本工资

8. 固定资产的使用费属于（　　　）。

A. 企业管理费　　　　B. 规费　　　　　C. 直接工程费　　　　　D. 利润

9. 脚手架费属于（　　　）。

A. 机械费　　　　　B. 企业管理费　　　　C. 措施费　　　　　D. 规费

10. 工程排污费属于（　　　）。

A. 文明施工费　　　　B. 措施费　　　　C. 劳动保险费　　　　D. 规费

二、多项选择题

1. 措施费包括（　　　）。

A. 临时设施费　　　　B. 工程排污费　　　　C. 二次搬运费　　　　D. 工具用具使用费

2. 税金包括（　　　）。

A. 营业税　　　　　B. 劳动保险费　　　　C. 教育费附加　　　　D. 城市建设维护税

第三章　室内装饰工程预算定额

教学目标

本章的重点是预算定额的相关概念、作用和分类，要求掌握预算定额的几种分类方式下的不同类型。在对预算定额有了基本认识后，要了解其构成形式，掌握预算定额的应用方法。

教学要求

知识要点	能力要求	相关知识
预算定额的概述	①掌握预算定额的概念 ②熟悉预算定额的作用 ③掌握预算定额的分类方式和相应类别	①按编制单位和执行范围分类 ②按生产要素分类 ③按定额编制程序和用途分类
预算定额的构成	①熟悉定额的组成内容 ②了解定额手册并熟悉手册的组成内容	预算定额手册一般由目录、总说明、建筑面积计算规则、各分章内容及附录等组成
预算定额的应用	①了解套用定额的注意事项 ②熟悉定额的不同编号方式 ③掌握定额项目的选套方法	①直接套用 ②工料分析

基本概念

劳动定额、材料消耗定额、施工机械台班使用定额、施工定额、预算定额、概算定额或概算指标、定额手册、"三符号"法、"二符号"法、"单符号"法

引例

即使以前没有学习过预算的知识，只要接触过工程或学习过与装饰工程相关的学科，那么，"预算定额"这个词就一定不陌生。但是，常听到这个词却未必能理解它的含义，知道它的用途和用法。预算有哪些类型，预算手册怎么用，所谓"套定额"怎么套？都是我们在本章需要解答的问题。

例：根据建筑安装工程定额编制的原则，按平均先进性编制的是（ ）。

A. 预算定额 B. 企业定额 C. 概算定额 D. 概算指标

例：室内装饰工程定额按生产要素分为（ ）。

A. 概算指标 B. 预算定额 C. 机械消耗量定额

D. 劳动消耗量定额 E. 材料消耗量定额

第一节 室内装饰工程预算定额概述

随着经济的迅速发展，室内装饰工程已经从一个分部工程发展为一个独立的单位工程，形成一个由设计、施工单位进行单独设计、单独编制预算、单独投标和施工的体系。在这个预算体系中，室内装饰工程预算定额是进行各项计价活动的重要依据。

一、室内装饰工程预算定额的概念

1. 定额的基本概念及特性

（1）定额的基本概念

在一定的技术和组织条件下，生产质量合格的单位产品所消耗的人力、物力、财力和时间等的数量标准，即是定额。即在合理的劳动组织和合理地使用材料和机械的条件下，预先规定完成单位合格产品所消耗的资源数量的标准，它反映一定时期的社会生产力水平的高低。

（2）定额的特性

① 权威性。在计划经济条件下，定额是由国家或其授权机关组织和编制并颁发的一种法令性指标，在执行范围之内，任何单位都必须严格遵守和执行，未经原制定单位批准，不得任意改变其内容和水平。在市场经济条件下，定额不能由某主管部门硬行规定，它要体现市场经济的特点，各建设业主和工程承包商可以在一定的范围内根据具体情况适当调整。这种具有权威性的可灵活适用的定额，符合社会主义市场经济条件下建筑产品的生产规律。

② 群众性。定额的制定和执行都要有广泛的群众基础，它的制定通常采用工人、技术人员、专职定额人员三结合的方式，使拟定的定额能从实际出发，反映建筑安装工人的实际水平，并保持一定的先进性。定额的执行要依靠广大群众的生产实践活动才能完成。

③ 科学性。定额是应用科学的方法，在认真研究客观规律的基础上，通过长期观察、测定、总结生产实践及广泛搜集资料的基础上制定的。它是对工时分析、动作研究、现场布置、工具设备改革，以及生产技术与组织的合理配合等各方面进行科学的综合研究后制定的。因此，它能找出影响劳动消耗的各种主观和客观的因素，提出合理的方案，促使提高劳动生产率和降低消耗。

④ 相对稳定性。定额中所规定的各种物化劳动和活劳动消耗量的多少，是由一定时期的社会生产力水平所确定的。因此定额并不是固定不变的，而是在一定的执行期内保持稳定。当社会生产力水平的提高达到一定的幅度，则需要重新编制定额。

2. 预算定额的概念

室内装饰工程预算定额，是指在正常合理的施工条件下，采用科学的方法和群众智慧相结合，

制定出生产一定计量单位的质量合格的分项工程所需的人工、材料和施工机械台班及价值货币表现的消耗数量标准。在室内装饰工程预算定额中，除了规定上述各项资源和资金消耗的数量以外，还规定了应完成的工程内容和相应的质量标准及安全要求等内容。根据上述概念，装饰工程预算定额包含三个方面的含义。

① 标定对象明确，装饰工程预算定额的标定对象是分项工程或装饰结构件、装饰配件等。

② 标定的内容有人工、材料、机械台班等消耗量的数量。

③ 按标定对象的不同特点有不同的计量单位.

二、装饰装修工程预算定额的作用

预算定额在计价定额中是基础性定额。在工程委托承包的情况下，它是确定工程造价的评分依据。在招标承包的情况下，它是计算标底和确定报价的主要依据。所以，预算定额在工程建设定额中占有很重要的地位。在装饰工程的预算管理中，预算定额主要体现出以下几个方面的作用。

（1）编制施工图预算的基础

室内装饰工程预算及工程造价，需要通过装饰工程施工图的工程量计算，根据装饰工程预算定额规定的人工费、机械费、材料费和其他费用的数量标准与费用额度等，即用预算的方法来计算其施工图预算、概算、估价指标与工程造价。

（2）确定招标标底和投标报价的基础

在市场价格机制价格中，室内装饰工程招标标底的编制和投标报价，都要以室内装饰工程预算定额为基础。因此，装饰工程预算定额在招投标中，起着控制劳动消耗和装饰工程价格水平的作用。

（3）编制施工组织设计的依据

室内装饰工程施工前需编制施工组织设计时，施工中所需的人工、机械、材料、水电资源等的用量及运输方案必须在施工组织设计中确定。只有根据装饰工程定额规定的各项消耗量指标，才能比较精确地计算出拟装饰工程的各项需求，以确定相应的施工方法和技术组织措施，有计划地组织材料供应，平衡劳动力与机械调配。

（4）进行工程成本分析的依据

在市场经济体制中，室内装饰产品价格的形成是以市场为导向的，必须进行工程成本的核算分析。装饰企业必须按照室内装饰工程预算定额所提供的各种人工、材料、机械台班等的消耗量指标，结合市场现状，来确定装饰工程项目的社会平均成本及生产价格，并结合企业装饰成本的现状，做出比较客观的分析，找出企业中活劳动与物化劳动的薄弱环节及其造成的原因，以便于装饰预算成本与实际成本对照比较分析，从而改进施工管理，提高生产效率和降低成本。

（5）签订施工合同、拨付工程款和竣工结算的依据

室内装饰工程在签订施工合同时，为明确双方的权利与义务，其合同条款的主要内容、结算方式和当事人的法律行为，都需以装饰工程定额的有关规定，作为合同执行的依据。同时，建设单位拨付工程款、进行工程竣工结算，通常是根据完成的分项工程量和装饰工程定额来进行计算的。

（6）编制概算定额和概算指标的基础

利用预算定额编制概算定额和概算指标，可以节省编制工作中的大量人力、物力和时间，也可以使概算定额和概算指标在水平上与预算定额一致，以免造成计划工作和实行定额的困难。

三、室内装饰工程预算定额的特点

室内装饰工程预算定额适用于一切获得建筑装饰行业资质等级证书的企业，在国内承包各类宾馆、饭店、旅游设施、民用建筑、公共设施中的建筑内装饰、环境美化、空间处理以及相关的配套用品、陈设品陈设、设备铺设，飞机、火车、汽车、轮船等所有成型空间内的装饰工程预算中使用。

同时，室内装饰工程预算定额还适用于新建、改建、扩建、再次装修的室内装饰工程。其具体特点如下：

（1）预算定额不是企业内部使用的定额，不具有企业定额的性质，它执行的是全国统一的工程计量标准。施工定额则是企业内部制定的定额。

（2）预算定额是按社会消耗的平均劳动时间确定的定额水平，施工定额则反映了社会平均先进水平。根据某市测得，预算定额的人工部分水平比施工定额水平低10％左右。

（3）预算定额是在施工定额（劳动定额、材料消耗定额、机械台班使用定额）基础上，经过综合计算，考虑到施工定额中没有包含的影响生产消耗的要素与较多的可变要素而编制的。

（4）预算定额的编制要求在下列正常施工条件下进行：

① 材料、半成品、成品、构件、设备等完整无损，符合质量标准和设计要求，并附有合格证书或实验证明。

② 装饰工程各专业各工种之间的交叉作业正常。

③ 正常的气候、地理条件和施工环境。

④ 如在特殊的自然地理条件下进行装饰工程，应按照有关规定执行。

四、室内装饰工程预算定额的分类

在工程项目建设活动中所使用的定额种类较多，我国已经形成工程建设定额管理体系。室内装饰工程定额，是工程建设定额体系的重要组成部分。就室内装饰工程定额而言，根据不同的分类方法又有不同的定额名称。为了对室内装饰工程定额从概念上有一个全面的了解，按定额使用范围、生产要素和用途可分为以下几类。

1. 按编制单位和执行范围分类

（1）国家定额（主管部门制定）

国家定额是指由国家建设主管部门组织，依据有关国家标准和规范，综合全国工程建设的技术与管理状况等编制和发布，在全国范围内使用的定额。

（2）行业定额

行业定额是指由行业建设主管部门组织，依据有关行业标准和规范，考虑行业工程建设特点等情况所编制和发布的，在本行业范围内使用的定额。

（3）地区定额（各省、市定额）

地区定额是指由建设行政主管部门组织，考虑地区工程建设特点和情况编制发布的，在本地区内使用的定额。

（4）企业定额

企业定额是指由施工企业自行组织，主要根据企业的自身情况，包括人员素质、机械装备程

度、技术和管理水平等编制，在本企业内部使用的定额。

2. 按生产要素分类

（1）劳动定额（或称人工定额）

它是指在正常的施工技术和组织条件下，完成单位合格产品所需的人工消耗标准。

（2）材料消耗定额

材料消耗定额是指在合理和节约使用材料的条件下，生产单位合格产品所必须消耗的一定规格的材料、成品、半成品和水、电等资源的数量标准。

（3）施工机械台班使用定额

施工机械台班使用定额也称施工机械台班消耗定额，是指施工机械在正常施工条件下完成单位合格所必需的工作时间。

3. 按定额编制程序和用途分类

（1）施工定额

施工定额是以同一性质的施工过程、工序作为研究对象，表示生产产品数量与时间消耗综合关系编制的定额。施工定额是施工企业（建筑装饰装修企业）组织生产和加强管理在企业内部使用的一种定额，属于企业定额的性质。施工定额是建设工程定额中分项最细、定额子目最多的一种定额，也是建设工程定额中的基础性定额。施工定额由人工定额、材料消耗定额和施工机械台班使用定额所组成。

施工定额是施工企业进行施工组织、成本管理、经济核算和投标报价的重要依据。施工定额直接应用于施工项目的管理，用来编制施工作业计划、签发施工任务单、签发限额领料单，以及结算计件工资或计量奖励工资等。施工定额和施工生产结合紧密，施工定额的定额水平反映施工企业生产与组织的技术水平和管理水平。施工定额也是编制预算定额的基础。

（2）预算定额

预算定额是以建筑物或构筑物各个分部分项工程为对象编制的定额。预算定额是以施工定额为基础综合扩大的编制的，同时也是编制概算定额的基础。其中的人工、材料和机械台班的消耗水平根据施工定额综合取定，定额项目的综合程度大于施工定额。预算定额是编制施工图预算的主要依据，是编制估价表、确定工程造价、控制建设工程投资的基础和依据。与施工定额不同，预算定额是社会性的，而施工定额是企业性的。

（3）概算定额或概算指标

① 概算定额。概算定额是以扩大的分部分项工程为对象编制的。概算定额是编制扩大初步设计概算、确定建设项目投资额的依据。概算定额一般是在预算定额的基础上综合扩大而成，每一综合分项概算定额都包含了数项预算定额。

② 概算指标。概算指标是概算定额的扩大与合并，它是以整个建筑物和构筑物为对象，以便为扩大的计量单位来编制的。概算指标的设定和初步设计的深度相适应，一般是在概算定额和预算定额的基础上编制的，是设计单位编制设计概算或建设单位编制年度投资计划的依据，也可作为编制估算指标的基础。

（4）投资估算指标

投资估算指标通常是以独立的单项工程或完整的工程项目为对象，编制确定的生产要素消耗的数量标准或项目费用标准，是根据已建工程或现有工程的价格数据和资料，经分析、归纳和整理编制而成的。投资估算是在项目建议书和可行性研究阶段编制投资估算、计算投资需要时使用的一种指标，是合理确定建设工程项目投资的基础。

第二节　室内装饰工程预算定额的构成形式

一、预算定额的组成

预算定额一般以单位工程为对象编制，按分部工程分章，在发布了全国统一基础定额后，分章应与基础定额一致。章以下为节，节以下为定额子目，每一个定额子目代表着一个与之对应的分项工程，所以分项工程是构成预算定额的最小单元。

室内装饰工程预算定额是规定单位工程量的装饰工程预算单价和单位工程量的装饰工程中的人工、材料、机械台班的消耗量和价格数量标准，而为了方便使用，室内装饰工程预算定额还给每一个目录赋予定额编号。

二、定额手册

在定额的实际应用中，为了使用方便，通常将定额与单位估价表合为一体，汇编成一册或一套，它既有定额的内容，又有单位估价表的内容，还有工程计量规则、附录和相关资料，如材料库，因此称其为"预算定额手册"。它明确地规定了以定额计量单位的分部分项工程或者结构构件所需消耗的人工、材料、施工机械台班等的消耗指标及相应的价值货币表现的标准。

三、预算定额手册的组成内容

完整的预算定额手册，一般由目录、总说明、建筑面积计算规则、各分章内容及附录等组成。各分章内容又包括分章说明、分章工程量计算规则、分部分项工程定额及单位估价表。具体组成内容包括以下几个方面：

1. 定额总说明

定额总说明是使用本装饰预算定额的指导性说明文字，室内装饰工程预算人员必须熟悉，它包括以下主要内容。

① 预算定额的适用范围、指导思想及目的、作用。

② 预算定额的编制原则、主要依据及上级下达的有关定额汇编文件精神。

③ 使用本定额必须遵守的规则及本定额的适用范围。

④ 定额所采用的材料规格、材质标准、允许换算的原则。

⑤ 定额在编制过程中已经考虑的和没考虑的要素及未包括的内容。

⑥ 各分部工程定额的共性问题和有关统一规定及使用方法。

2. 分部工程及其说明

分部工程在建筑装饰工程预算中称为"章"，章节说明主要告诉使用者本章定额的使用范围和

工程量计算规则等，主要包含以下内容：

① 说明分部工程所包括的定额项目内容和子目数量。

② 分部工程各定额项目工程量的计算方法。

③ 分部工程定额内综合的内容及允许换算和不得换算的界限及特殊规定。

④ 使用本分部工程允许增减系数范围的规定

3. 定额项目表

定额项目表由分项工程定额所组成，是预算定额的主要构成部分，主要包含以下内容：

① 分项工程定额编号（子项目号）。

② 分项工程定额项目名称。

③ 预算定额基价，包括人工费、材料费、机械费、综合费、利润、劳动保险费、规费和税金。

④ 人工费包括综合工和其他人工费。综合工包括工种和数量及工资等级（平均等级）。

⑤ 材料栏内一般列出主要材料和周转使用材料名称及消耗数量。次要材料一般都以其他材料形式用金额"元"表示。

⑥ 施工机械栏要列出主要机械名称和数量，次要机械以其他机械费形式用金额"元"表示。

⑦ 预算定额的基价明确了某一装饰工程项目人工、材料、机械台班单位工程消耗量后，根据当地的人工日工资标准、材料预算价格和机械台班单价，分别计算出定额人工费、材料费、机械费及其他费用，其总和即预算定额的基价。

⑧ 有的定额表下面还列有本章节定额有关的说明和附注。说明设计与本定额规定如不符合时如何进行调整，以及说明其他应明确的但在定额总说明和分部说明中不包括的问题。

4. 定额附录或附表

预算定额内容最后一部分是附录，或称为附表，是配合定额使用不可缺少的一个重要组成部分，不同地区的情况不同、定额不同、编制不同，附录表中的定额数值也不同。一般包括以下内容：

① 各种不同标号或不同体积比的砂浆、装饰油漆涂料等有多种原料组成的单方配合比材料用量表。

② 各种材料成品或半成品场内运输及操作损耗系数表。

③ 常用的材料名称及规格容重换算表。

④ 建筑物超高增加系数表。

⑤ 定额人工、材料、机械综合取定价格表。

第三节　室内装饰工程预算定额的应用

装饰工程定额的应用，直接影响工程造价。因此，工作人员必须熟练而准确地使用预算定额。

一、套用定额的注意事项

（1）查阅定额前，应首先认真阅读定额总说明、分部工程说明和有关附注的内容；要熟悉和掌握定额的适用范围，定额已经考虑和没有考虑的要素以及有关规定。

（2）要明确定额中的用语和符号的含义。

（3）要正确地理解和熟记各分部工程计算规则中所指出的工程量计算方法，以便在熟悉施工图的基础上，能够迅速地计算各分项工程或配件、设备的工程量。

（4）要了解和记忆常用分项工程定额所包括的工作内容、人工、材料、施工机械台班消耗量和计量单位，以及有关附注的规定，做到正确地套用定额项目。

（5）要明确定额换算范围，正确应用定额附录资料，熟练进行定额项目的换算和调整。

二、定额编号

为了便于查阅、核对和审查定额项目选套是否准确合理，提高室内装饰工程施工图预算的编制质量，在编制室内装饰工程施工图预算时，必须填写定额编号。定额编号的方法，通常有以下三种。

1. "三符号"编号法

"三符号"编号法，是以预算定额中的分部工程序号—分项工程序号（或工程项目所在的定额页数）—分项工程的子项目序号三个号码，进行定额编号。其表达形式为：

分部工程序号—分项工程序号（子项目所在定额页数）—子项目序号

例如，某市现行建筑装饰工程预算定额中的墙面挂大理石（勾缝）项目，它属于室内装饰工程项目，在定额中被排在第二部分，墙面装饰工程排在第二分项内；墙面挂贴大理石项目排在定额第173页第104个子项目，定额编号为：

$$2-2-104$$

或

$$2-173-104$$

2. "二符号"编号法

"二符号"编号法，是在"三符号"编号法的基础上，去掉一个符号（分部工程序号或分项工程序号），采用定额中分部工程序号（或子项目所在定额页数）—子项目序号两个号码，进行定额编号。其表达形式如下：

分部工程序号—子项目序号

或

子项目所在定额页数—子项目序号

例如，墙面挂贴大理石项目的定额编号为：

$$2-104$$

或

$$173-104$$

3. "单符号"编号法

"单符号"编号法，一般为装饰工程消耗量定额号的编制方法，是根据国家的《建设工程工程量清单计价规范》（GB50500—2013），采用定额中分部工程序号结合子项目序号进行定额编号。其

表达形式为：

分部分项工程序号＋子项目序号

例如，石材墙面项目的定额编号为 011204。在这个号码中 0112 为墙面工程，04 为石材墙面项目。

三、定额项目的选套方法

1. 预算定额的直接套用

当施工图设计的工程项目内容，与所选套的相应定额内容一致时，必须按定额的规定，直接套用定额。在编制室内装饰工程施工图预算、选套定额项目和确定单位预算价值时，绝大部分属于这种情况。当施工图设计的工程项目内容，与所选套的相应定额项目规定的内容不一致时，而定额规定又不允许换算或调整，此时也必须直接套用相应定额项目，不得随意换算或调整。直接套用定额项目的方法步骤如下：

（1）根据施工图设计的工程项目内容，从定额目录中，查出该工程项目所在定额中的页数及其部位。

（2）判断施工图设计的工程项目内容与定额规定的内容是否一致。当完全一致或虽然不一致，但定额规定不允许换算或调整时，即可直接套用定额基价。但是，在套用定额基价前，必须注意分项工程的名称、规格、计量单位与定额规定的名称、规格、计量单位一致。

（3）将定额编号和定额基价，其中包括人工费、材料费和施工机械使用费，分别填入室内装饰工程预算表内。

（4）确定工程项目预算价值，其公式为：

工程项目预算价值＝工程项目工程量×相应定额单价

【例 3-1】某室内地面做实木烤漆地板（铺在毛地板上）项目，工程量为 40.90m²，试确定其人工费、材料费、机械费及预算价值。

【解】① 从定额目录中，查出实木烤漆地板（铺在毛地板上）的定额项目对应定额中的 20101261、20101266 和 20101269 子项目。

② 通过判断可知，实木烤漆地板分项工程内容符合定额规定的内容，即可直接套用定额项目。

③ 从定额表中查出实木烤漆板共包含木龙骨基层每平方米的政府指导价为 48.44 元/m²、人工费为 20.02 元/m²、材料费为 28.29 元/m²、机械台班费为 0.13 元/m²、定额编号为 20101261；铺设杉木基层每平方米的政府指导价为 47.04 元/m²、人工费为 6.64 元/m²、材料费为 40.17 元/m²、机械台班费为 0.23 元/m²、定额编号为 20101266；铺设实木烤漆地板每平方米的政府指导价为 316.33 元/m²、人工费为 17.29 元/m²、材料费为 299.04 元/m²、机械台班费为 0.00 元/m²、定额编号为 20101269。

④ 计算烤漆木地板的人工费、材料费、机械费和预算价值。

人工费＝（20.02＋6.64＋17.29）×40.90＝1 797.56（元）

材料费＝（28.29＋40.17＋299.04）×40.90＝15 030.75（元）

机械费＝（0.13＋0.23＋0.00）×40.90＝14.72（元）

预算价值＝（48.44＋47.04＋316.33）×40.90＝16 843.03（元）

2. 工料分析

在施工前、施工中或者竣工后，企业进行施工组织或者优化施工方案或者评价施工方案都可运用定额进行工料分析。

【例 3-2】某室内墙面做榉木或枫木拼花（对拼）饰面（铺 9mm 厚木夹板上）项目，工程量为 25.3m²，试确定其所需榉木和枫木面板、9mm 厚木夹板和断面规格为 20mm×20mm、长为 4m 的木龙骨各多少及其预算价值。

【解】建筑工程的墙面的木龙骨（断面 7.5cm² 以内，龙骨平均中距 400mm 以内）（编号 20102242）的政府指导价为 22.34 元/m²、定额人工费为 10.92 元/m²、材料费为 11.20 元/m²、机械台班费为 0.22 元/m²、杉木用量 0.0054m³/m²。

建筑工程多层夹板（编号 20102264）中用的是 12mm 厚的木夹板，所以要进行定额换算，12mm 的政府指导价为 42.00 元/m²，9mm 木夹板的市场价为 21.00 元/m²。故换算后的定额价格为 42.00+1.05×（21.00-28.20）=34.44 元/m²，人工费为 11.76m²，材料费为 30.01+1.05×（25.20-28.20）=26.86 元/m²，机械台班费为 0.23 元/m²，9mm 厚木夹板用量为 1.05m²/m²。

从建筑工程的墙柱面拼纹造型（两种饰面）（编号 20102326）中可知，政府指导价 58.78 元/m²、人工费为 31.85 元/m²、材料费为 26.18 元/m²、机械台班费为 0.75 元/m²、榉木胶合板的用量为 0.60m²/m²、枫木胶合板的用量 0.60m²/m²。

综合可知，所需榉木的面积：0.6×25.34=15.20m²。

所需枫木的面积：0.6×25.34=15.20m²。

杉木方用量：0.0054×25.34/0.02×0.02×4=85.52（根）

预算价值：（22.34+34.44+58.78）×25.34=2 928.29（元）

小　结

装饰工程预算定额作为管理学中的一门学问，它的任务是研究建筑装饰工程施工和施工消耗之间的内在联系。它为企业科学管理提供了基本数据，是企业实现科学管理的必备条件。随着工程量清单计价在我国的推广和发展，很多初学者认为预算定额已不再重要了。实际上，在市场竞争机制下，企业应更重视预算定额，在国家、行业发布的定额基础上逐步完善企业定额，才能科学管理工程项目，并具有更强大的市场竞争力。

思考与练习

一、单项选择题

1. 衡量工人劳动数量和质量，反映成果和效益指标的是（　　　）。

A. 时间定额　　　B. 劳动定额　　　C. 预算定额　　　D. 概算定额

2. 反映一定计量单位的建筑物或构筑物所需消耗的人工、材料、机械台班的数量标准是（　　　）。

A. 预算定额　　　B. 企业定额　　　C. 概算定额　　　D. 概算指标

3. 在项目建议书和可行性研究阶段编制投资估算、计算投资需用量时使用的一种定额是( )。

    A. 预算定额　　　　B. 概算定额　　　　C. 概算指标　　　　D. 投资估算指标

4. 某定额是企业内部使用的定额，它以同一性质的施工过程为研究对象，由劳动定额、材料消耗定额、机械台班消耗定额组成；它既是企业投标报价的依据，也是企业控制施工成本的基础，则该定额是( )。

    A. 施工定额　　　　B. 概算指标　　　　C. 概算定额　　　　D. 预算定额

5. 关于施工定额的说法正确的是( )。

    A. 一般是在预算定额的基础上综合扩大而成的

    B. 以同一性质的施工过程或工序为测定对象

    C. 定额中列出了各结构分部的工程量及单位建筑工程（以体积或面积计）的造价，是一种计价定额

    D. 不是在企业内部使用的一种定额，无企业定额的性质

6. 劳动定额中未包含，而在一般正常的施工条件下不可避免的，但又无法计量的用工，在预算定额人工消耗指标中称为( )。

    A. 辅助用工　　　　B. 超运距用工　　　　C. 零星用工　　　　D. 人工幅度差

7. 不属于预算定额组成内容的是( )。

    A. 定额基价　　　　B. 工料机消耗量　　　　C. 市场价格　　　　D. 项目名称

二、多项选择题

1. 定额有哪些特性( )?

    A. 法令性　　　　B. 群众性　　　　C. 科学性

    D. 相对稳定性　　　　E. 权威性

2. 施工定额是在正常的施工条件下，为完成单位合格产品所需劳动、机械、材料消耗的数量标准，一般包括( )。

    A. 人员消耗定额　　B. 劳动消耗定额　　C. 机械台班定额

    D. 材料消耗定额　　E. 资金消耗定额

3. 定额编号的方法有( )。

    A. 一符号法　　　　B. 二符号法　　　　C. 三符号法

    D. 四符号法　　　　E. 五符号法

4. 关于定额直接套用说法正确的是( )。

    A. 分项工程设计要求与拟套的定额完全相符

    B. 分项工程设计要求与拟套的定额完全不相符

    C. 分项工程设计要求与拟套的定额完全不相符，定额允许调整

    D. 分项工程设计要求与拟套的定额不完全相符，定额不允许调整

8. 装饰装修工程定额手册包括( )。

    A. 文字说明　　　　B. 分节定额　　　　C. 附注

    D. 附录　　　　　　E. 说明

第四章　清单工程量的计量

教学目标

本章首先学习工程量的概念、计量单位和计算的顺序、步骤，在此基础上展开装饰工程量计量的学习。工程量计量的重点是要熟悉计算规则，根据规则的要求，按照合理的计算程序进行计算。

教学要求

知识要点	能力要求	相关知识
工程量概述	① 了解工程量的概念 ② 掌握工程量的计算方法	工程量、计量单位
工程量的计价程序	理解工程量的计价程序	
工程量清单计价的方法	① 熟悉工程造价的计算 ② 掌握分部分项工程费、措施费、其他项目费、规费与税金、风险费的计算	工程造价、分部分项工程费、措施费

基本概念

工程量、计量单位、计算规则

引例

工程量的计算绝不是单纯的技术性数字的计算，它包含了很多意义，比如每个工程分项的工作内容、计算规则、施工工艺等。在室内装饰工程下有多项分项工程，每一个分项工程下又有很多子目，因而构成了一个庞杂的系统。因此，工程量的计算远远不止是数字的计算，我们要熟悉工程量的计算说明和计算规则，在规定的计算规则下进行计算。

例：计算装饰工程楼地面整体面层工程量时，应扣除（　　　）。

A. 凸出地面的设备基础　　　　　B. 间壁墙

C. 0.3m² 以内附墙烟囱　　　　　D. 0.3m² 以内的柱

例：室内装饰工程定额按生产要素分为（　　　）。

A. 概算指标　　　　　　　　B. 预算定额　　　　　　　　C. 机械消耗量定额

D. 劳动消耗量定额   E. 材料消耗量定额

例：以下关于计算灯光槽工程量说法错误的是（   ）。

A. 灯光槽按延米计算

B. 灯光槽按平方米算

C. 艺术造型天棚项目中包括灯光槽的制作安装，不需另算

D. 平面、跌级天棚面层工程量计算已扣除灯光槽所占面积

第一节   工程量概述

随着我国建筑装饰行业的迅速发展，室内装饰设计和施工技术的水平在不断地提高，工程中大量采用投资包干和招标承包的运行方式，使得高档、中高档的装饰愈来愈多，施工技术复杂化，装饰效果多样化。因此，对于建筑装饰工程量的计算规则提出了新的要求，特别是对于装饰面积、装饰工程用料等方面，必须要求有规范的计算规则，制定一个统一的规定，以利于统一尺度，避免重复计算，提高功效，节约成本。因此，掌握建筑装饰工程量的计算方法是非常必要的。

室内装饰工程量的计算应按照计算规则进行计算。本节关于建筑面积的计算，参考了住房与城乡建设部 2014 年 7 月 1 日开始施行的《建筑工程建筑面积计算规范》（GBT 50353－2013）。其他各分项工程的工程量计算，参照住房与城乡建设部 2013 年 7 月 1 日开始施行的《房屋建筑与装饰工程工程量计算规范》（GB 50854－2013）的工程量计算规则编写。

一、工程量概念

1. 工程量的概念

工程量是指以物理计量单位或自然计量单位来表示室内装饰工程中的各个具体分部分项工程和构配件的实物量。建设工程项目以工程设计图纸、施工组织设计或施工方案及有关技术经济文件为依据，按照相关工程国家标准的计算规则、计量单位等规定，进行工程数量的计算活动，在工程建设中简称工程计量。

工程量的计量单位包括物理计量单位和自然计量单位两种。

物理计量单位是指需要通过度量工具来衡量物体量的性质的单位，也就是采用法定计算单位来表示工程完成的数量。例如，长度以米（m）为计量单位，窗帘盒、木压条等工程量以米计算；面积以平方米（m²）为计量单位，如墙面、柱面工程和门窗工程等工程量以平方米（m²）计算；体积以立方米（m³）为计量单位，如砖砌、水泥砂浆等工程量以立方米（m³）为单位，质量以千克（kg）或吨（t）为计量单位等。

自然计量单位是指不需要量度的具有自然属性的单位。如屋顶水箱以"座"为计量单位，施工机械以"台班"为计量单位，设备安装工程以"台""组""件"等为计量单位，卫生洁具安装以"组"为计量单位，灯具安装以"套"为计量单位，回、送风口以"个"为计量单位等。

2. 工程量计算的意义

工程量计算的工作在整个预算编制的过程中是最繁重的一项工作。工程量计算正确与否直接影

响各个分项工程定额直接费计算的准确性，从而影响工程预算造价的准确性。

（1）工程量是编制预算的原始数据，是计算工程直接费、确定预算造价的重要依据；

（2）工程量是进行工料分析，编制人工、材料、机械台班需要量和成品加工计划的直接依据；

（3）工程量是编制施工进度计划，检查、统计、分项计划执行情况，进行成本核算和财务管理的重要依据。

二、装饰工程量的计算方法

1. 计算顺序

（1）单位工程计算顺序

① 按施工顺序计算法：按施工顺序计算法就是按照工程施工顺序的先后次序来计算工程量。

② 按定额顺序计算法：按定额顺序计算工程量法就是按照预算定额（或计价表）上的分章或分部分项顺序来计算工程量。这种计算顺序法对初学预算的人员尤为合适。

（2）单个分项工程计算顺序

① 按照顺时针方向计算：此法就是先从平面图的左上角开始，自左至右，然后再由上而下，最后转回到左上角为止，按顺时针方向计算工程量。例如计算地面、天棚等分项工程，都可以按照此顺序进行计算。

② 按"先横后竖、先上后下、先左后右"计算：此法就是在平面图上从左上角开始，按"先横后竖、先上后下、先左后右"的顺序进行计算工程量。

③ 按图纸分项编号顺序计算：此法就是按照图纸所注结构构件、配件的编号顺序进行计算工程量。

2. 计算步骤

（1）列出计算式

工程项目列出后，根据施工图所示的部位、尺寸和数量，按照一定的计算顺序和工程量计算规则，列出该分项工程量计算式。计算式应力求简单明了，并按一定的次序排列，便于审查核对。例如，计算面积时为"长×宽"；计算体积时为"长×宽×高"。

（2）演算计算式

分项工程量计算式全部列出后，对各计算式进行逐式计算，并将其计算结果数量保留两位小数。然后再累计各算式的数量，其和就是该分项工程的工程量，将其填入工程量计算表中的"计算结果"栏内。

（3）调整计算单位

计算所得工程量，一般都是以米、平方米、立方米或千克为计量单位，但预算定额或计价表往往以 100m、100m^2、100m^3 或 10m、10m^2、10m^3 或吨为计量单位。这时，就要将计算所得的工程量，按照预算定额或计价表的计量单位进行调整，使其一致。

3. 一般规则

工程量必须按照工程量计算规则和定额规定进行正确的计算，工程量计算必须遵守以下几个原则。

（1）工作内容、范围要与定额中相应的工程所包括的分项内容和范围一致

计算工程量，要熟悉定额中每个分项工程所包括的内容和范围，以避免重复列项或漏计项目。

例如，抹灰工程分部中规定，室内墙面一般抹灰的定额内容不包括刷素水泥浆工和料，如设计中要求刷素水泥浆一遍，就应当另列项计算。又如，该分部规定天棚抹灰的定额内容中包括基层刷含107胶的水泥浆一遍的工和料，在计算天棚抹灰工程量时，就已包括这项内容，不能再列项重复计算。

（2）工程量的计量单位同定额规定的计量单位一致

计算工程量，首先要弄清楚定额的计量单位。例如，室内墙面抹灰，楼地面层均以面积计算，计量单位为平方米（m²）；而踢脚线以长度米（m）计算。计算工程量时如果都以面积计算，就必然会影响工程量的准确性。

（3）工程量计算规则与现行定额规定的计算规则要一致

在按施工图样计算工程量时，采用的计算规则必须与本地区现行的预算定额的工程量计算规则相一致，这样才能有统一的计算标准，防止出错。

（4）工程量计算简明扼要

工程量计算式要简单明了，并按一定顺序排列以便于核对工程量，在计算工程量时要注明层次、部位、断面、图号等。工程量计算式一般按长、宽、厚的顺序排列。在计算面积时，按长×宽（高）；计算体积时，按长×宽×厚等。

（5）工程量精度原则

工程量在计算的过程中一般要求保留三位小数，计算结果则四舍五入后保留两位小数。但对于钢材、木材的计算结果要求保留三位小数，建筑面积计算结果一般要取整数，如有小数时，按四舍五入规则取整。

4. 注意事项

工程量计算时根据已会审的施工图所规定的各分项工程的尺寸、数量以及设备、构件、门窗等明细表和预算定额各部分工程量计算规则进行计算的。在计算过程中，应注意以下几个方面：

（1）计算工程量前，要先看懂图纸，包括施工图、总说明，弄清各项图纸的关系和细部说明，以及设计修改通知书等。认真领会设计意图，要随时深入施工现场搜集设计变更、材料改代等资料。同时，还必须熟悉"图纸会审纪要"，因为设计单位对原设计的遗漏和小的修改，在一般情况下是不给图纸的，常采取"纪要"和"修改通知书"的办法来解决。因此，看图时必须结合以上资料进行对照，才能避免遗漏。在施工中，往往也会不断出现零星的小修小改，应及时补充调整。

（2）严格按照预算定额规定和工程量计算规则，并根据设计图纸所标明的尺寸、数量以及附有的设备及成套用品一览表，计算长度、面积、体积、数量，并根据手册换算成与定额相一致的计量单位，在计算过程中，不能随意加大或缩小各部位的尺寸。

（3）为了便于核对，计算工程量时，一定要注明层次、部位、轴线编号、断面符号，通常列算式计算面积时，宽（高）在前，长在后，计算体积时，断面面积在前，长在后。计算式要力求简明了，按一定次序排列，填入工程量计算表，以便查对。

（4）尽量采用图纸中已经通过的计算注明的数量和附表，必要时查阅图纸，进行核对。

（5）计算时，要防止重复计算和漏算，一般可按施工顺序，由上而下，由内及外，由左向右，或按工序事先草列分部分项名称依次进行计算。在计算中，如发现有新的、细小的和外加项目，要随时补充，防止遗忘。需要另编补充估价的项目，在表中应加以注明。也可采取分页图纸，逐张清算的方法。有条件的尽量分层、分段、分部位、分单位工程来计算,最后将同类项合并,编制并填入工程量汇总表。

(6)数字计算要准确。精度要求达到小数点后两位。汇总时一般采用小数点后两位为准,四舍五入。

第二节 清单工程量的计量

一、建筑面积

建筑面积是表示一个建筑物建筑规模大小的经济指标,也称为建筑展开面积,是指建筑物各层面积的总和,即使用面积、辅助面积、结构面积三者的总和。

(1)使用面积是指建筑物各层平面布置中可直接为生产或生活使用的净面积总和。其中居室净面积在民用建筑中,也称为居住面积或套内面积,包括套内各房间的面积、房屋间隔墙面积、阳台面积,以及外墙(包括山墙)水平投影面积1/2的建筑面积。

(2)辅助面积是指建筑物各层平面布置中为辅助生产或生活所占净面积的总和,如楼梯间、走道。使用面积与辅助面积的总和又称为有效面积。

(3)结构面积是指建筑物各层平面布置中的墙体、柱等结构所占面积的总和。

1. 计算规则

计算建筑装饰工程建筑面积,应根据国家规定的规则进行,《建筑工程建筑面积计算规范(GBT 50353-2013)》对建筑面积计算作了如下规定:

(1)建筑物的建筑面积应按自然层外墙结构外围水平面积之和计算。结构层高在2.20m及以上的,应计算全面积;结构层高在2.20m以下的,应计算1/2面积。

(2)建筑物内设有局部楼层时,对于局部楼层的二层及以上楼层,有围护结构的应按其围护结构外围水平面积计算,无围护结构的应按其结构底板水平面积计算,且结构层高在2.20m及以上的,应计算全面积,结构层高在2.20m以下的,应计算1/2面积。

(3)形成建筑空间的坡屋顶,结构净高在2.10m及以上的部位应计算全面积;结构净高在1.20m及以上至2.10m以下的部位应计算1/2面积;结构净高在1.20m以下的部位不应计算建筑面积。

(4)对于场馆看台下的建筑空间,结构净高在2.10m及以上的部位应计算全面积;结构净高在1.20m及以上至2.10m以下的部位应计算1/2面积;结构净高在1.20m以下的部位不应计算建筑面积。室内单独设置的有围护设施的悬挑看台,应按看台结构底板水平投影面积计算建筑面积。有顶盖无围护结构的场馆看台应按其顶盖水平投影面积的1/2计算面积。

(5)地下室、半地下室应按其结构外围水平面积计算。结构层高在2.20m及以上的,应计算全面积;结构层高在2.20m以下的,应计算1/2面积。

(6)出入口外墙外侧坡道有顶盖的部位,应按其外墙结构外围水平面积的1/2计算面积。

(7)建筑物架空层及坡地建筑物吊脚架空层,应按其顶板水平投影计算建筑面积。结构层高在

2.20m 及以上的，应计算全面积；结构层高在 2.20m 以下的，应计算 1/2 面积。

（8）建筑物的门厅、大厅应按一层计算建筑面积，门厅、大厅内设置的走廊应按走廊结构底板水平投影面积计算建筑面积。结构层高在 2.20m 及以上的，应计算全面积；结构层高在 2.20m 以下的，应计算 1/2 面积。

（9）建筑物间的架空走廊，有顶盖和围护设施的，应按其围护结构外围水平面积计算全面积；无围护结构、有围护设施的，应按其结构底板水平投影面积计算 1/2 面积。

（10）立体书库、立体仓库、立体车库，有围护结构的，应按其围护结构外围水平面积计算建筑面积；无围护结构、有围护设施的，应按其结构底板水平投影面积计算建筑面积。无结构层的应按一层计算，有结构层的应按其结构层面积分别计算。结构层高在 2.20m 及以上的，应计算全面积；结构层高在 2.20m 以下的，应计算 1/2 面积。

（11）有围护结构的舞台灯光控制室，应按其围护结构外围水平面积计算。结构层高在 2.20m 及以上的，应计算全面积；结构层高在 2.20m 以下的，应计算 1/2 面积。

（12）附属在建筑物外墙的落地橱窗，应按其围护结构外围水平面积计算。结构层高在 2.20m 及以上的，应计算全面积；结构层高在 2.20m 以下的，应计算 1/2 面积。

（13）窗台与室内楼地面高差在 0.45m 以下且结构净高在 2.10m 及以上的凸（飘）窗，应按其围护结构外围水平面积计算 1/2 面积。

（14）有围护设施的室外走廊（挑廊），应按其结构底板水平投影面积计算 1/2 面积；有围护设施（或柱）的檐廊，应按其围护设施（或柱）外围水平面积计算 1/2 面积。

（15）门斗应按其围护结构外围水平面积计算建筑面积，且结构层高在 2.20m 及以上的，应计算全面积；结构层高在 2.20m 以下的，应计算 1/2 面积。

（16）门廊应按其顶板的水平投影面积的 1/2 计算建筑面积；有柱雨篷应按其结构板水平投影面积的 1/2 计算建筑面积；无柱雨篷的结构外边线至外墙结构外边线的宽度在 2.10m 及以上的，应按雨篷结构板的水平投影面积的 1/2 计算建筑面积。

（17）设在建筑物顶部的、有围护结构的楼梯间、水箱间、电梯机房等，结构层高在 2.20m 及以上的应计算全面积；结构层高在 2.20m 以下的，应计算 1/2 面积。

（18）围护结构不垂直于水平面的楼层，应按其底板面的外墙外围水平面积计算。结构净高在 2.10m 及以上的部位，应计算全面积；结构净高在 1.20m 及以上至 2.10m 以下的部位，应计算 1/2 面积；结构净高在 1.20m 以下的部位，不应计算建筑面积。

（19）建筑物的室内楼梯、电梯井、提物井、管道井、通风排气竖井、烟道，应并入建筑物的自然层计算建筑面积。有顶盖的采光井应按一层计算面积，且结构净高在 2.10m 及以上的，应计算全面积；结构净高在 2.10m 以下的，应计算 1/2 面积。

（20）室外楼梯应并入所依附建筑物自然层，并应按其水平投影面积的 1/2 计算建筑面积。

（21）在主体结构内的阳台，应按其结构外围水平面积计算全面积；在主体结构外的阳台，应按其结构底板水平投影面积计算 1/2 面积。

（22）有顶盖无围护结构的车棚、货棚、站台、加油站、收费站等，应按其顶盖水平投影面积的 1/2 计算建筑面积。

（23）以幕墙作为围护结构的建筑物，应按幕墙外边线计算建筑面积。

（24）建筑物的外墙外保温层，应按其保温材料的水平截面积计算，并计入自然层建筑面积。

（25）与室内相通的变形缝，应按其自然层合并在建筑物建筑面积内计算。对于高低联跨的建筑物，当高低跨内部连通时，其变形缝应计算在低跨面积内。

（26）对于建筑物内的设备层、管道层、避难层等有结构层的楼层，结构层高在2.20m及以上的，应计算全面积；结构层高在2.20m以下的，应计算1/2面积。

下列项目不应计算建筑面积：

① 与建筑物内不相连通的建筑部件；

② 骑楼、过街楼底层的开放公共空间和建筑物通道；

③ 舞台及后台悬挂幕布和布景的天桥、挑台等；

④ 露台、露天游泳池、花架、屋顶的水箱及装饰性结构构件；

⑤ 建筑物内的操作平台、上料平台、安装箱和罐体的平台；

⑥ 勒脚、附墙柱、垛、台阶、墙面抹灰、装饰面、镶贴块料面层、装饰性幕墙，主体结构外的空调室外机搁板（箱）、构件、配件，挑出宽度在2.10m以下的无柱雨篷和顶盖高度达到或超过两个楼层的无柱雨篷；

⑦ 窗台与室内地面高差在0.45m以下且结构净高在2.10m以下的凸（飘）窗，窗台与室内地面高差在0.45m及以上的凸（飘）窗；

⑧ 室外爬梯、室外专用消防钢楼梯；

⑨ 无围护结构的观光电梯；

⑩ 建筑物以外的地下人防通道，独立的烟囱、烟道、地沟、油（水）罐、气柜、水塔、贮油（水）池、贮仓、栈桥等构筑物。

2. 计算实例

【例4-1】如图4-1所示，计算其建筑面积。

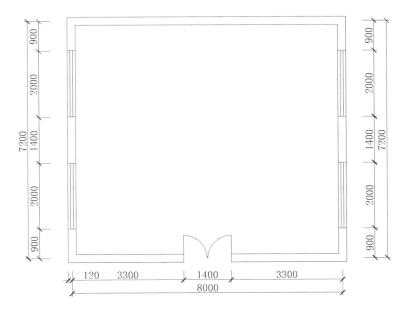

图4-1 某建筑平面示意图 1∶50

【解】建筑面积 S＝外墙长×外墙宽＝（8＋0.24）×（7.2＋0.24）＝61.31m²

二、楼地面工程

1. 基本内容

楼地面是楼面和地面的总称，是构成楼地层的组成部分。一般来说，地层（又称为地坪）主要有垫层、找平层和面层所组成，构成地层的项目都能在楼地面工程项目中找到。楼层主要由结构层、找平层、保温隔热层和面层组成。

楼地面工程包括天然石材、人造石材、水磨石、地砖、陶瓷地砖、玻璃地砖、塑料地板、地毯、竹木地板、防静电地板等内容。

2. 计算规则

（1）楼地面抹灰

楼地面抹灰包括水泥砂浆楼地面、现浇水磨石楼地面、细石混凝土楼地面、菱苦土楼地面、自流平地面等，它们的工程量清单项目的设置、项目特征描述的内容、计量单位、工程量计算规则应如表 4-1 所示执行。

表 4-1　楼地面抹灰（编码：011101）

项目编码	项目名称	项目特征	计量单位	工程量计算规则	工作内容
011101001	水泥砂浆楼地面	① 垫层材料种类、厚度 ② 找平层厚度、砂浆配合比 ③ 素水泥浆遍数 ④ 面层厚度、砂浆配合比 ⑤ 面层做法要求	m²	按设计图示尺寸以面积计算。扣除凸出地面构筑物、设备基础、室内管道、地沟等所占面积，不扣除间壁墙及≤0.3m²柱、垛、附墙烟囱及孔洞所占面积。门洞、空圈、暖气包槽、壁龛的开口部分不增加面积。按设计图示尺寸以面积计算	① 基层清理 ② 垫层铺设 ③ 抹找平层 ④ 抹面层 ⑤ 材料运输
011101002	现浇水磨石楼地面	① 垫层材料种类、厚度 ② 找平层厚度、砂浆配合比 ③ 面层厚度、水泥石子浆配合比 ④ 嵌条材料种类、规格 ⑤ 石子种类、规格、颜色 ⑥ 颜料种类、颜色 ⑦ 图案要求 ⑧ 磨光、酸洗、打蜡要求			① 基层清理 ② 垫层铺设 ③ 抹找平层 ④ 面层铺设 ⑤ 嵌缝条安装 ⑥ 磨光、酸洗打蜡 ⑦ 材料运输
011101003	细石混凝土楼地面	① 垫层材料种类、厚度 ② 找平层厚度、砂浆配合比 ③ 面层厚度、混凝土强度等级			① 基层清理 ② 垫层铺设 ③ 抹找平层 ④ 面层铺设 ⑤ 材料运输
011101004	菱苦土楼地面	① 垫层材料种类、厚度 ② 找平层厚度、砂浆配合比 ③ 面层厚度 ④ 打蜡要求			① 基层清理 ② 垫层铺设 ③ 抹找平层 ④ 面层铺设 ⑤ 打蜡 ⑥ 材料运输

（续表）

项目编码	项目名称	项目特征	计量单位	工程量计算规则	工作内容
011101005	自流平楼地面	① 垫层材料种类、厚度 ② 找平层厚度、砂浆配合比	m²	按设计图示尺寸以面积计算。扣除凸出地面构筑物、设备基础、室内管道、地沟等所占面积，不扣除间壁墙及≤0.3m²柱、垛、附墙烟囱及孔洞所占面积。门洞、空圈、暖气包槽、壁龛的开口部分不增加面积。按设计图示尺寸以面积计算	① 基层清理 ② 垫层铺设 ③ 抹找平层 ④ 材料运输
011101006	平面砂浆找平层	① 找平层砂浆配合比、厚度 ② 界面剂材料种类 ③ 中层漆材料种类、厚度 ④ 面漆材料种类、厚度 ⑤ 面层材料种类			① 基层处理 ② 抹找平层 ③ 涂界面剂 ④ 涂刷中层漆 ⑤ 打磨、吸尘 ⑥ 镘自流平面漆（浆） ⑦ 拌合自流平浆料 ⑧ 铺面层

注：①水泥砂浆面层处理是拉毛还是提浆压光应在面层做法要求中描述；②平面砂浆找平层只适用于仅做找平层的平面抹灰；③间壁墙是指墙厚≤120mm的墙

（2）块料面层

块料面层包括石材楼地面、碎石材楼地面、块料楼地面，它们的工程量清单项目的设置、项目特征描述的内容、计量单位、工程量计算规则应如表4-2所示执行。

表4-2　楼地面镶贴（编码：011102）

项目编码	项目名称	项目特征	计量单位	工程量计算规则	工作内容
011102001	石材楼地面	① 找平层厚度、砂浆配合比 ② 结合层厚度、砂浆配合比			① 基层清理、抹找平层 ② 面层铺设、磨边 ③ 嵌缝 ④ 刷防护材料 ⑤ 酸洗、打蜡 ⑥ 材料运输
011102002	碎石材楼地面	③ 面层材料品种、规格、颜色 ④ 嵌缝材料种类 ⑤ 防护层材料种类 ⑥ 酸洗、打蜡要求	m²	按设计图示尺寸以面积计算。门洞、空圈、暖气包槽、壁龛的开口部分并入相应的工程量内	
011102003	块料楼地面	① 垫层材料种类、厚度 ② 找平层厚度、砂浆配合比 ③ 结合层厚度、砂浆配合比 ④ 面层材料品种、规格、颜色 ⑤ 嵌缝材料种类 ⑥ 防护层材料种类 ⑦ 酸洗、打蜡要求			

注：①在描述碎石材项目的面层材料特征时可不用描述规格、品牌、颜色；②石材、块料与粘接材料的结合面刷防渗材料的种类在防护层材料种类中描述；③上表工作内容中的磨边是指施工现场磨边，后面章节工作内容中涉及的磨边含义同此条。

（3）橡塑面层

橡塑面层包括橡胶板楼地面、橡胶卷材楼地面、塑料板楼地面、塑料卷材楼地面，它们的工程量清单项目的设置、项目特征描述的内容、计量单位、工程量计算规则应如表4-3所示执行。

表4-3　橡塑面层（编码：011103）

项目编码	项目名称	项目特征	计量单位	工程量计算规则	工作内容
011103001	橡胶板楼地面	① 黏结层厚度、材料种类 ② 面层材料品种、规格、颜色 ③ 压线条种类	m²	按设计图示尺寸以面积计算。门洞、空圈、暖气包槽、壁龛的开口部分并入相应的工程量内	① 基层清理 ② 面层铺贴 ③ 压缝条装订 ④ 材料运输
011103002	橡胶板卷材楼地面				
011103003	塑料板楼地面				
011103004	塑料卷材楼地面				

（4）其他材料面层

其他材料面层包括地毯楼地面、竹木地板、金属复合地板、防静电活动地板等，它们的工程量清单项目的设置、项目特征描述的内容、计量单位、工程量计算规则应按表4-4所示执行。

表4-4　其他材料面层（编码：011104）

项目编码	项目名称	项目特征	计量单位	工程量计算规则	工作内容
011104001	地毯楼地面	① 面层材料品种、规格、颜色 ② 防护材料种类 ③ 黏结材料种类 ④ 压线条种类	m²	按设计图示尺寸以面积计算。门洞、空圈、暖气包槽、壁龛的开口部分并入相应的工程量内	① 基层清理 ② 铺贴面层 ③ 刷防护材料 ④ 装钉压条 ⑤ 材料运输
011104002	竹木地板	① 龙骨材料种类、规格、铺设间距 ② 基层材料种类、规格 ③ 面层材料品种、规格、颜色 ④ 防护材料种类			① 基层清理 ② 龙骨铺设 ③ 基层铺设 ④ 面层铺贴 ⑤ 刷防护材料 ⑥ 材料运输
011104003	金属复合地板	① 龙骨材料种类、规格、铺设间距 ② 基层材料种类、规格 ③ 面层材料品种、规格、颜色 ④ 防护材料种类			
011104004	防静电活动地板	① 支架高度、材料种类 ② 面层材料品种、规格、颜色 ③ 防护材料种类			① 基层清理 ② 固定支架安装 ③ 活动面层安装 ④ 刷防护材料 ⑤ 材料运输

（5）踢脚线

踢脚线一般包括水泥砂浆踢脚线、石材踢脚线、块料踢脚线、塑料板踢脚线、木质踢脚线、金属踢脚线、防静电踢脚线等，它们的工程量清单项目的设置、项目特征描述的内容、计量单位、工程量计算规则应按表 4-5 所示执行。

表 4-5　踢脚线（编码：011105）

项目编码	项目名称	项目特征	计量单位	工程量计算规则	工作内容
011105001	水泥砂浆踢脚线	① 踢脚线高度 ② 底层厚度、砂浆配合比 ③ 面层厚度、砂浆配合比	① m² ② m	① 按设计图示长度乘高度以面积计算 ② 按延长米计算	① 基层清理 ② 底层和面层抹灰 ③ 材料运输
011105002	石材踢脚线	① 踢脚线高度 ② 粘贴层厚度、材料种类 ③ 面层材料品种、规格、颜色 ④ 防护材料种类			① 基层清理 ② 底层抹灰 ③ 面层铺贴、磨边 ④ 擦缝 ⑤ 磨光、酸洗、打蜡 ⑥ 刷防护材料 ⑦ 材料运输
011105003	块料踢脚线				
011105004	塑料板踢脚线	① 踢脚线高度 ② 基层材料种类、规格 ③ 面层材料品种、规格、颜色			① 基层清理 ② 基层铺贴 ③ 面层铺贴 ④ 材料运输
011105005	木质踢脚线				
011105006	金属踢脚线				
011105007	防静电踢脚线				

注：石材、块料与粘接材料的结合面刷防渗材料的种类在防护层材料种类中描述

（6）楼梯面层

楼梯面层包括石材楼梯面层、块料楼梯面层、拼碎块料面层、水泥砂浆楼梯面层、现浇水磨石楼梯面层、地毯楼梯面层、木板楼梯面层、橡胶板楼梯面层和塑料板楼梯面层等，它们的工程量清单项目的设置、项目特征描述的内容、计量单位、工程量计算规则应按表 4-6 所示执行。

表 4-6　楼梯面层（编码：011106）

项目编码	项目名称	项目特征	计量单位	工程量计算规则	工作内容
011106001	石材楼梯面层	① 找平层厚度、砂浆配合比 ② 贴结层厚度、材料种类 ③ 面层材料品种、规格、颜色 ④ 防滑条材料种类、规格 ⑤ 勾缝材料种类 ⑥ 防护层材料种类 ⑦ 酸洗、打蜡要求	m²	按设计图示尺寸以楼梯（包括踏步、休息平台及≤500mm 的楼梯井）水平投影面积计算。楼梯与楼地面相连时，算至梯口梁内侧边沿；无梯口梁者，算至最上一层踏步边沿加 300mm	① 基层清理 ② 抹找平层 ③ 面层铺贴、磨边 ④ 贴嵌防滑条 ⑤ 勾缝 ⑥ 刷防护材料 ⑦ 酸洗、打蜡 ⑧ 材料运输
011106002	块料楼梯面层				
011106003	拼碎块料面层				

项目编码	项目名称	项目特征	计量单位	工程量计算规则	工作内容
011106004	水泥砂浆楼梯面层	① 找平层厚度、砂浆配合比 ② 面层厚度、砂浆配合比 ③ 防滑条材料种类、规格	m²	按设计图示尺寸以楼梯（包括踏步、休息平台及≤500mm的楼梯井）水平投影面积计算。楼梯与楼地面相连时，算至梯口梁内侧边沿；无梯口梁者，算至最上一层踏步边沿加300mm	① 基层清理 ② 抹找平层 ③ 抹面层 ④ 抹防滑条 ⑤ 材料运输
011106005	现浇水磨石楼梯面层	① 找平层厚度、砂浆配合比 ② 面层厚度、水泥石子浆配合比 ③ 防滑条材料种类、规格 ④ 石子种类、规格、颜色 ⑤ 颜料种类、颜色			① 基层清理 ② 抹找平层 ③ 抹面层 ④ 贴嵌防滑条 ⑤ 磨光、酸洗、打蜡
011106006	地毯楼梯面层	① 基层种类 ② 面层材料品种、规格、颜色 ③ 防护材料种类 ④ 黏结材料种类 ⑤ 固定配件材料种类、规格			① 基层清理 ② 铺贴面层 ③ 固定配件安装 ④ 刷防护材料 ⑤ 材料运输
011106007	木板楼梯面层	① 基层材料种类、规格 ② 面层材料品种、规格、颜色 ③ 黏结材料种类 ④ 防护材料种类			① 基层清理 ② 基层铺贴 ③ 面层铺贴 ④ 刷防护材料 ⑤ 材料运输
011106008	橡胶板楼梯面层	① 黏结层厚度、材料种类 ② 面层材料品种、规格、颜色 ③ 压线条种类			① 基层清理 ② 面层铺贴 ③ 压缝条装订 ④ 材料运输
011106009	塑料板楼梯面层				

注：①在描述碎石材项目的面层材料特征时可不用描述规格、品牌、颜色；②石材、块料与粘接材料的结合面刷防渗材料的种类在防护层材料种类中描述

（7）台阶装饰

台阶装饰包括石材台阶面、块料台阶面、拼碎块料台阶面、水泥砂浆台阶面、现浇水磨石台阶面和剁假石台阶面等，它们的工程量清单项目的设置、项目特征描述的内容、计量单位、工程量计算规则应按表4-7所示执行。

表4-7 台阶装饰（编码：011107）

项目编码	项目名称	项目特征	计量单位	工程量计算规则	工作内容
011107001	石材台阶面	① 找平层厚度、砂浆配合比 ② 黏结层材料种类 ③ 面层材料品种、规格、颜色 ④ 勾缝材料种类 ⑤ 防滑条材料种类、规格 ⑥ 防护材料种类	m²	按设计图示尺寸以台阶（包括最上层踏步边沿加300mm）水平投影面积计算	① 基层清理 ② 抹找平层 ③ 面层铺贴 ④ 贴嵌防滑条 ⑤ 勾缝 ⑥ 刷防护材料 ⑦ 材料运输
011107002	块料台阶面				
011107003	拼碎块料台阶面				
011107004	水泥砂浆台阶面	① 垫层材料种类、厚度 ② 找平层厚度、砂浆配合比 ③ 面层厚度、砂浆配合比 ④ 防滑条材料种类			① 基层清理 ② 铺设垫层 ③ 抹找平层 ④ 抹面层 ⑤ 抹防滑条 ⑥ 材料运输
011107005	现浇水磨石台阶面	① 垫层材料种类、厚度 ② 找平层厚度、砂浆配合比 ③ 面层厚度、水泥石子浆配合比 ④ 防滑条材料种类、规格 ⑤ 石子种类、规格、颜色 ⑥ 颜料种类、颜色 ⑦ 磨光、酸洗、打蜡要求			① 清理基层 ② 铺设垫层 ③ 抹找平层 ④ 抹面层 ⑤ 贴嵌防滑条 ⑥ 打磨、酸洗、打蜡 ⑦ 材料运输
011107006	剁假石台阶面	① 垫层材料种类、厚度 ② 找平层厚度、砂浆配合比 ③ 面层厚度、砂浆配合比 ④ 剁假石要求			① 清理基层 ② 铺设垫层 ③ 抹找平层 ④ 抹面层 ⑤ 剁假石 ⑥ 材料运输

注：①在描述碎石材项目的面层材料特征时可不用描述规格、品牌、颜色；②石材、块料与粘接材料的结合面刷防渗材料的种类在防护层材料种类中描述

（8）零星装饰项目

零星装饰项目包括石材零星项目、拼碎石材零星项目、块料零星项目和水泥砂浆零星项目等，它们的工程量清单项目的设置、项目特征描述的内容、计量单位、工程量计算规则应按表4-8所示执行。

表 4-8 零星装饰项目（编码：011108）

项目编码	项目名称	项目特征	计量单位	工程量计算规则	工作内容
011108001	石材零星项目	① 工程部位 ② 找平层厚度、砂浆配合比 ③ 贴结合层厚度、材料种类 ④ 面层材料品种、规格、颜色 ⑤ 勾缝材料种类 ⑥ 防护材料种类 ⑦ 酸洗、打蜡要求	m²	按设计图示尺寸以面积计算	① 清理基层 ② 抹找平层 ③ 面层铺贴、磨边 ④ 勾缝 ⑤ 刷防护材料 ⑥ 酸洗、打蜡 ⑦ 材料运输
011108002	拼碎石材零星项目				
011108003	块料零星项目				
011108004	水泥砂浆零星项目	① 工程部位 ② 找平层厚度、砂浆配合比 3.面层厚度、砂浆厚度			① 清理基层 ② 抹找平层 ③ 抹面层 ④ 材料运输

注：①楼梯、台阶牵边和侧面镶贴块料面层，≤0.5m² 的少量分散的楼地面镶贴块料面层，应按表 4-8 所示零星装饰项目执行；②石材、块料与粘接材料的结合面刷防渗材料的种类在防护层材料种类中描述

3. 计算实例

【例 4-2】如图 4-2 所示，设计要求做成菱苦土整体面层和水泥砂浆找平层，求其工程量。

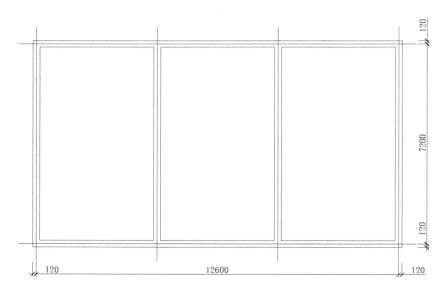

图 4-2 某建筑平面示意图 1:50

【解】找平层和整体面层均按主墙间净空面积以平方米计算。工程量计算如下：

建筑面积 ＝（12.6×0.12×2）×（7.2+0.12×2）＝95.53m²

外墙中心线长度 ＝（12.6+7.2）×2＝39.6m

内墙净长线长度 ＝（7.2-2×0.12）×2＝13.92mm

主墙间净空面积＝建筑面积－主墙面积

$$= （95.53-39.6×0.24-13.92×0.24）$$

$$=82.69m^2$$

或 工程量$=（7.2-0.24）×（4.2-0.24）×3$

$$=82.69m^2$$

清单工程量计算表如下：

表 4-9 清单工程量计算表

项目编码	项目名称	项目特征描述	计量单位	工程量
011101004001	菱苦土楼地面	20 厚 1：2 菱苦土，30 厚 1：3 水泥砂浆，60 厚 C10 混凝土	m²	82.69

三、墙、柱面装饰

1. 基本内容

墙柱面装饰工程包括一般抹灰、装饰抹灰、镶贴块料面层及柱面装饰等内容。

一般抹灰是指适用于石灰砂浆、水泥砂浆、混合砂浆和其他砂浆对内、外墙面和柱面粉刷，根据抹灰材料、抹灰部位、抹灰遍数和基层等分项。

墙柱面装饰适用于隔墙、隔断、墙柱面的龙骨、面层、饰面、木作等工程。

墙柱面装饰内容包括单列的龙骨基层和面层，以及综合龙骨及饰面的墙柱装饰项目。龙骨材料有木龙骨、轻钢龙骨、铝合金龙骨等。

墙柱面抹灰和各项装饰项目均包括了 3.6 米以下简易脚手架搭设，一些独立承包的墙面"二次装修"，如果施工高度在 3.6 米以下时，不应再计脚手架。

2. 计算规则

（1）墙柱面抹灰工程

① 墙面抹灰

墙面抹灰包括墙面一般抹灰、墙面装饰抹灰、墙面勾缝和立面砂浆找平层，它们的工程量清单项目的设置、项目特征描述的内容、计量单位、工程量计算规则应按表 4-10 所示执行。

表 4-10 墙面抹灰（编码：011201）

项目编码	项目名称	项目特征	计量单位	工程量计算规则	工作内容
011201001	墙面一般抹灰	① 墙体类型 ② 底层厚度、砂浆配合比 ③ 面层厚度、砂浆配合比 ④ 装饰面材料种类 ⑤ 分格缝宽度、材料种类	m²	按设计图示尺寸以面积计算。扣除墙裙、门窗洞口及单个＞0.3m²的孔洞面积，不扣除踢脚线、挂镜线和墙与构件交接处的面积，门窗洞口和孔洞的侧壁及顶面不增加面积。附墙柱、梁、垛、烟囱侧壁并入相应的墙面面积内	① 基层清理 ② 砂浆制作、运输 ③ 底层抹灰 ④ 抹面层 ⑤ 抹装饰面 ⑥ 勾分格缝
011201002	墙面装饰抹灰				

项目编码	项目名称	项目特征	计量单位	工程量计算规则	工作内容
011201003	墙面勾缝	① 墙体类型 ② 找平的砂浆厚度、配合比	m²	① 外墙抹灰面积按外墙垂直投影面积计算 ② 外墙裙抹灰面积按其长度乘以高度计算 ③ 内墙抹灰面积按主墙间的净长乘以高度计算：无墙裙的，高度按室内楼地面至天棚底面计算；有墙裙的，高度按墙裙顶至天棚底面计算 ④ 内墙裙抹灰面积按内墙净长乘以高度计算	① 基层清理 ② 砂浆制作、运输 ③ 抹灰找平
011201004	立面砂浆找平层	① 墙体类型 ② 勾缝类型 ③ 勾缝材料种类			① 基层清理 ② 砂浆制作、运输 ③ 勾缝

注：①立面砂浆找平项目适用于仅做找平层的立面抹灰；②抹石灰砂浆、水泥砂浆、混合砂浆、聚合物水泥砂浆、麻刀石灰浆、石膏灰浆等按墙面一般抹灰列项，水刷石、斩假石、干粘石、假面砖等按墙面装饰抹灰列项；③飘窗凸出外墙面增加的抹灰不计算工程量，在综合单价中考虑

② 柱（梁）面抹灰

柱（梁）面抹灰包括柱（梁）面一般抹灰、柱（梁）面装饰抹灰、柱（梁）面勾缝和柱（梁）砂浆找平层等，它们的工程量清单项目的设置、项目特征描述的内容、计量单位、工程量计算规则应按表 4-11 所示执行。

表 4-11　墙面抹灰（编码：011201）

项目编码	项目名称	项目特征	计量单位	工程量计算规则	工作内容
011202001	柱、梁面一般抹灰	① 柱体类型 ② 底层厚度、砂浆配合比 ③ 面层厚度、砂浆配合比 ④ 装饰面材料种类 ⑤ 分格缝宽度、材料种类	m²	① 柱面抹灰：按设计图示柱断面周长乘高度以面积计算 ② 梁面抹灰：按设计图示梁断面周长乘长度以面积计算	① 基层清理 ② 砂浆制作、运输 ③ 底层抹灰 ④ 抹面层 ⑤ 勾分格缝
011202002	柱、梁面装饰抹灰				
011202003	柱、梁面砂浆找平	① 柱体类型 ② 找平的砂浆厚度、配合比			① 基层清理 ② 砂浆制作、运输 ③ 抹灰找平
011202004	柱、梁面勾缝	① 墙体类型 ② 勾缝类型 ③ 勾缝材料种类		按设计图示柱断面周长乘高度以面积计算	① 基层清理 ② 砂浆制作、运输 ③ 勾缝

注：①砂浆找平项目适用于仅做找平层的柱（梁）面抹灰；②抹石灰砂浆、水泥砂浆、混合砂浆、聚合物水泥砂浆、麻刀石灰浆、石膏灰浆等按柱（梁）面一般抹灰编码列项，水刷石、斩假石、干粘石、假面砖等按柱（梁）面装饰抹灰编码列项

③ 零星面抹灰

零星抹灰包括零星项目一般抹灰、零星项目装饰抹灰和零星项目砂浆找平等，它们的工程量清单项目的设置、项目特征描述的内容、计量单位、工程量计算规则应按表4-12所示执行。

表4-12 零星抹灰（编码：011203）

项目编码	项目名称	项目特征	计量单位	工程量计算规则	工作内容
011203001	零星项目一般抹灰	① 墙体类型 ② 底层厚度、砂浆配合比 ③ 面层厚度、砂浆配合比 ④ 装饰面材料种类 ⑤ 分格缝宽度、材料种类	m²	按设计图示尺寸以面积计算	① 基层清理 ② 砂浆制作、运输 ③ 底层抹灰 ④ 抹面层 ⑤ 抹装饰面 ⑥ 勾分格缝
011203002	零星项目装饰抹灰	① 墙体类型 ② 底层厚度、砂浆配合比 ③ 面层厚度、砂浆配合比 ④ 装饰面材料种类 ⑤ 分格缝宽度、材料种类			
011203003	零星项目砂浆找平	① 基层类型 ② 找平的砂浆厚度、配合比			① 基层清理 ② 砂浆制作、运输 ③ 抹灰找平

注：①抹石灰砂浆、水泥砂浆、混合砂浆、聚合物水泥砂浆、麻刀石灰浆、石膏灰浆等按零星项目一般抹灰编码列项，水刷石、斩假石、干粘石、假面砖等按零星项目装饰抹灰编码列项；②墙、柱（梁）面≤0.5m²的少量分散的抹灰按零星抹灰项目编码列项

（2）墙面块料面层

① 墙面块料面层

墙面块料面层包括石材墙面、拼碎石墙面、块料墙面和干挂石材钢骨架等，它们的工程量清单项目的设置、项目特征描述的内容、计量单位、工程量计算规则应按表4-13所示执行。

表4-13 墙面块料面层（编码：011204）

项目编码	项目名称	项目特征	计量单位	工程量计算规则	工作内容
011204001	石材墙面	① 墙体类型 ② 安装方式 ③ 面层材料品种、规格、颜色 ④ 缝宽、嵌缝材料种类 ⑤ 防护材料种类 ⑥ 磨光、酸洗、打蜡要求	m²	按镶贴表面积计算	① 基层清理 ② 砂浆制作、运输 ③ 黏结层铺贴 ④ 面层安装 ⑤ 嵌缝 ⑥ 刷防护材料 ⑦ 磨光、酸洗、打蜡
011204002	拼碎石材墙面				
011204003	块料墙面				

项目编码	项目名称	项目特征	计量单位	工程量计算规则	工作内容
011204004	干挂石材钢骨架	① 骨架种类、规格 ② 防锈漆品种遍数	t	按设计图示以质量计算	① 骨架制作、运输、安装 ② 刷漆
注：①在描述碎块项目的面层材料特征时可不用描述规格、品牌、颜色；②石材、块料与粘接材料的结合面刷防渗材料的种类在防护层材料种类中描述；③安装方式可描述为砂浆或粘接剂粘贴、挂贴、干挂等，不论哪种安装方式，都要详细描述与组价相关的内容					

② 柱（梁）面镶贴块料

墙面块料面层包括石材墙面、拼碎石材墙面、块料墙面和干挂石材钢骨架等，它们的工程量清单项目的设置、项目特征描述的内容、计量单位、工程量计算规则应按表 4-14 所示执行。

表 4-14 柱（梁）面镶贴块料（编码：011205）

项目编码	项目名称	项目特征	计量单位	工程量计算规则	工作内容
011205001	石材柱面	① 柱截面类型、尺寸 ② 安装方式 ③ 面层材料品种、规格、颜色 ④ 缝宽、嵌缝材料种类 ⑤ 防护材料种类 ⑥ 磨光、酸洗、打蜡要求	m²	按镶贴表面积计算	① 基层清理 ② 砂浆制作、运输 ③ 黏结层铺贴 ④ 面层安装 ⑤ 嵌缝 ⑥ 刷防护材料 ⑦ 磨光、酸洗、打蜡
011205002	块料柱面				
011205003	拼碎块柱面				
011205004	石材梁面	① 安装方式 ② 面层材料品种、规格、颜色 ③ 缝宽、嵌缝材料种类 ④ 防护材料种类 ⑤ 磨光、酸洗、打蜡要求			① 基层清理 ② 砂浆制作、运输 ③ 黏结层铺贴 ④ 面层安装 ⑤ 嵌缝 ⑥ 刷防护材料 ⑦ 磨光、酸洗、打蜡
011205005	块料梁面				
注：①在描述碎块项目的面层材料特征时可不用描述规格、品牌、颜色；②石材、块料与粘接材料的结合面刷防渗材料的种类在防护层材料种类中描述；③柱梁面干挂石材的钢骨架按相应项目编码列项					

③ 镶贴零星块料

镶贴零星块料包括石材零星项目、块料零星项目和拼碎块零星项目等，它们的工程量清单项目的设置、项目特征描述的内容、计量单位、工程量计算规则应按表 4-15 所示执行。

表 4－15　柱镶贴零星块料（编码：011206）

项目编码	项目名称	项目特征	计量单位	工程量计算规则	工作内容
011206001	石材零星项目	① 安装方式 ② 面层材料品种、规格、颜色 ③ 缝宽、嵌缝材料种类 ④ 防护材料种类 ⑤ 磨光、酸洗、打蜡要求	m²	按镶贴表面积计算	① 基层清理 ② 砂浆制作、运输 ③ 面层安装 ④ 嵌缝 ⑤ 刷防护材料 ⑥ 磨光、酸洗、打蜡
011206002	块料零星项目				
011206003	拼碎块零星项目				
注：①在描述碎块项目的面层材料特征时可不用描述规格、品牌、颜色；②石材、块料与粘接材料的结合面刷防渗材料的种类在防护层材料种类中描述；③零星项目干挂石材的钢骨架按相应项目编码列项；④墙柱面≤0.5m²的少量分散的镶贴块料面层应按零星项目执行					

（3）墙柱面饰面

① 墙饰面

墙饰面工程量清单项目的设置、项目特征描述的内容、计量单位、工程量计算规则应按表 4－16 所示执行。

表 4－16　墙饰面（编码：011207）

项目编码	项目名称	项目特征	计量单位	工程量计算规则	工作内容
011207001	墙面装饰板	① 龙骨材料种类、规格、中距 ② 隔离层材料种类、规格 ③ 基层材料种类、规格 ④ 面层材料品种、规格、颜色 ⑤ 压条材料种类、规格	m²	按设计图示墙净长乘净高以面积计算。扣除门窗洞口及单个＞0.3m²的孔洞所占面积	① 基层清理 ② 龙骨制作、运输、安装 ③ 钉隔离层 ④ 基层铺钉 ⑤ 面层铺贴

② 柱（梁）

柱（梁）饰面工程量清单项目的设置、项目特征描述的内容、计量单位、工程量计算规则应按表 4－17 所示执行。

表 4－17　柱（梁）饰面（编码：011208）

项目编码	项目名称	项目特征	计量单位	工程量计算规则	工作内容
011208001	柱（梁）面装饰	① 龙骨材料种类、规格、中距 ② 隔离层材料种类 ③ 基层材料种类、规格 ④ 面层材料品种、规格、颜色 ⑤ 压条材料种类、规格	m²	按设计图示饰面外围尺寸以面积计算。柱帽、柱墩并入相应柱饰面工程量内	① 清理基层 ② 龙骨制作、运输、安装 ③ 钉隔离层 ④ 基层铺钉 ⑤ 面层铺贴

（4）幕墙工程

幕墙工程主要包括带骨架幕墙和全玻幕墙等，它们的工程量清单项目的设置、项目特征描述的内容、计量单位、工程量计算规则应按表4-18所示执行。

表4-18　幕墙工程（编码：011209）

项目编码	项目名称	项目特征	计量单位	工程量计算规则	工作内容
011209001	带骨架幕墙	① 骨架材料种类、规格、中距 ② 面层材料品种、规格、颜色 ③ 面层固定方式 ④ 隔离带、框边封闭材料品种、规格 ⑤ 嵌缝、塞口材料种类	m²	按设计图示框外围尺寸以面积计算。与幕墙同种材质的窗所占面积不扣除	① 骨架制作、运输、安装 ② 面层安装 ③ 隔离带、框边封闭 ④ 嵌缝、塞口 ⑤ 清洗
011209002	全玻（无框玻璃）幕墙	① 玻璃品种、规格、颜色 ② 黏结塞口材料种类 ③ 固定方式		按设计图示尺寸以面积计算。带肋全玻幕墙按展开面积计算	① 幕墙安装 ② 嵌缝、塞口 ③ 清洗

（5）隔断工程

隔断工程主要包括木隔断、玻璃隔断、塑料隔断和成品隔断等，它们的工程量清单项目的设置、项目特征描述的内容、计量单位、工程量计算规则应按表4-19所示执行。

表4-19　隔断（编码：011210）

项目编码	项目名称	项目特征	计量单位	工程量计算规则	工作内容
011210001	木隔断	① 骨架、边框材料种类、规格 ② 隔板材料品种、规格、颜色 ③ 嵌缝、塞口材料品种 ④ 压条材料种类	m²	按设计图示框外围尺寸以面积计算。不扣除单个≤0.3m²的孔洞所占面积；浴厕门的材质与隔断相同时，门的面积并入隔断面积内	① 骨架及边框制作、运输、安装 ② 隔板制作、运输、安装 ③ 嵌缝、塞口 ④ 装订压条
011210002	金属隔断	① 骨架、边框材料种类、规格 ② 隔板材料品种、规格、颜色 ③ 嵌缝、塞口材料种类		按设计图示框外围尺寸以面积计算。不扣除单个≤0.3m²的孔洞所占面积；浴厕门的材质与隔断相同时，门的面积并入隔断面积内	① 骨架及边框制作、运输、安装 ② 隔板制作、运输、安装 ③ 嵌缝、塞口

（续表）

项目编码	项目名称	项目特征	计量单位	工程量计算规则	工作内容
011210003	玻璃隔断	① 边框材料种类、规格 ② 玻璃品种、规格、颜色 ③ 嵌缝、塞口材料品种	m²	按设计图示框外围尺寸以面积计算。不扣除单个≤0.3m²的孔洞所占面积	① 边框制作、运输、安装 ② 玻璃制作、运输、安装 ③ 嵌缝、塞口
011210004	塑料隔断	① 边框材料种类、规格 ② 隔板材料品种、规格、颜色 ③ 嵌缝、塞口材料品种		① 按设计图示框外围尺寸以面积计算 ② 按设计间的数量以间计算	① 骨架及边框制作、运输、安装 ② 隔板制作、运输、安装 ③ 嵌缝、塞口
011210005	成品隔断	① 隔断材料品种、规格、颜色 ② 配件品种、规格。	① m² ② 间		① 隔断运输、安装 ② 嵌缝、塞口
011210006	其他隔断	① 骨架、边框材料种类、规格 ② 隔板材料品种、规格、颜色 ③ 嵌缝、塞口材料品种	m²	按设计图示框外围尺寸以面积计算。不扣除单个≤0.3m²的孔洞所占面积	① 骨架及边框安装 ② 隔板安装 ③ 嵌缝、塞口

3. 计算实例

【例4-3】如图4-3、图4-4所示，求内墙抹混合砂浆工程量（做法：内墙做1:1:6混合砂浆抹灰$\delta=15cm$，1:1:4混合砂浆抹灰$\delta=5cm$）。

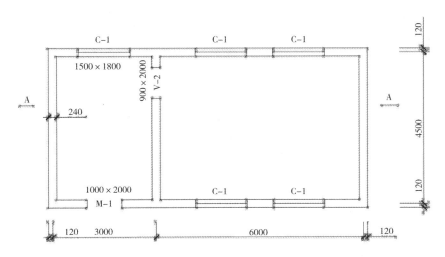

图4-3　某工程平面示意图　1:50

【解】工程量计算如下：

$S = [(6.0-0.12\times2+4.5-0.12\times2)\times2\times(3.0+0.1)-1.5\times1.8\times4-0.9\times2+ (3.0-0.12\times2+4.5-0.12\times2)\times2\times(3.0+0.1)-1.5\times1.8-1.0\times2-0.9\times2]$

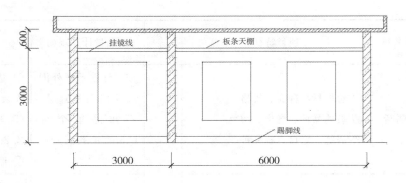

图 4-4 某工程 A－A 剖面示意图 1:50

= （10.02×2×3.1－6×1.8－1.8+7.02×2×3.1－2.7－2－1.8）

=86.55m²

清单工程量计算表如下：

表 4-20 清单工程量计算表

项目编码	项目名称	项目特征描述	计量单位	工程量
011201001001	墙面一般抹灰	240mm 厚内墙，底层 1:1:6 混合砂浆，15mm 厚；面层 1:1:4 混合砂浆，5mm 厚	m²	86.65

四、天棚装饰

1. 基本内容

天棚装饰工程包括天棚抹灰、天棚吊顶、采光天棚、天棚其他装饰工程等部分。

吊顶天棚包括顶棚龙骨与顶棚面层两个部分，预算中应分别列项，按相应的设计项目配套使用。

龙骨及饰面部分则综合了骨架和面层，各项目中包括了龙骨和饰面的工料。

2. 计算规则

（1）天棚抹灰

天棚抹灰的工程量清单项目的设置、项目特征描述的内容、计量单位、工程量计算规则应按表 4-21 所示执行。

表 4-21 天棚抹灰（编码：011301）

项目编码	项目名称	项目特征	计量单位	工程量计算规则	工作内容
011301001	天棚抹灰	① 基层类型 ② 抹灰厚度、材料种类 ③ 砂浆配合比	m²	按设计图示尺寸以水平投影面积计算。不扣除间壁墙、垛、柱、附墙烟囱、检查口和管道所占的面积，带梁天棚、梁两侧抹灰面积并入天棚面积内，板式楼梯底面抹灰按斜面积计算，锯齿形楼梯底板抹灰按展开面积计算	① 基层清理 ② 底层抹灰 ③ 抹面层

（2）天棚吊顶

天棚吊顶包括吊顶天棚、格栅吊顶、吊筒吊顶、藤条造型悬挂吊顶、织物软雕吊顶和网架（装饰）吊顶等，它们的工程量清单项目的设置、项目特征描述的内容、计量单位、工程量计算规则应按表 4-22 所示执行。

表 4-22　天棚吊顶（编码：011302）

项目编码	项目名称	项目特征	计量单位	工程量计算规则	工作内容
011302001	吊顶天棚	① 吊顶形式、吊杆规格、高度 ② 龙骨材料种类、规格、中距 ③ 基层材料种类、规格 ④ 面层材料品种、规格 ⑤ 压条材料种类、规格 ⑥ 嵌缝材料种类 ⑦ 防护材料种类	m²	按设计图示尺寸以水平投影面积计算。天棚面中的灯槽及跌级、锯齿形、吊挂式、藻井式天棚面积不展开计算。不扣除间壁墙、检查口、附墙烟囱、柱垛和管道所占面积，扣除单个＞0.3m²的孔洞、独立柱及与天棚相连的窗帘盒所占的面积	① 基层清理、吊杆安装 ② 龙骨安装 ③ 基层板铺贴 ④ 面层铺贴 ⑤ 嵌缝 ⑥ 刷防护材料
011302002	格栅吊顶	① 龙骨材料种类、规格、中距 ② 基层材料种类、规格 ③ 面层材料品种、规格 ④ 防护材料种类		按设计图示尺寸以水平投影面积计算	① 基层清理 ② 安装龙骨 ③ 基层板铺贴 ④ 面层铺贴 ⑤ 刷防护材料
011302003	吊筒吊顶	① 吊筒形状、规格 ② 吊筒材料种类 ③ 防护材料种类			① 基层清理 ② 吊筒制作安装 ③ 刷防护材料
011302004	藤条造型悬挂吊顶	① 骨架材料种类、规格 ② 面层材料品种、规格		按设计图示尺寸以水平投影面积计算	① 基层清理 ② 龙骨安装 ③ 铺贴面层
011302005	织物软雕吊顶				
011302006	网架（装饰）吊顶	网架材料品种、规格			① 基层清理 ② 网架制作安装

（3）采光天棚吊顶

采光天棚吊顶的工程量清单项目的设置、项目特征描述的内容、计量单位、工程量计算规则应按表 4-23 所示执行。

表 4-23　采光天棚工程（编码：011303）

项目编码	项目名称	项目特征	计量单位	工程量计算规则	工作内容
011303001	采光天棚	① 骨架类型 ② 固定类型、固定材料品种、规格 ③ 面层材料品种、规格 ④ 嵌缝、塞口材料种类	m²	按框外围展开面积计算	① 清理基层 ② 面层制安 ③ 嵌缝、塞口 ④ 清洗
注：采光天棚骨架不包括在本节中，应单独按"金属结构工程章节"的相关项目编码列项

（4）天棚其他装饰

天棚其他装饰主要包括灯带、灯槽、送风口、回风口等，它们的工程量清单项目的设置、项目特征描述的内容、计量单位、工程量计算规则应按表4-24所示执行。

表4-24 天棚其他装饰（编码：011304）

项目编码	项目名称	项目特征	计量单位	工程量计算规则	工作内容
011304001	灯带（槽）	① 灯带型号、尺寸 ② 格栅片材料品种、规格 ③ 安装固定方式	m²	按设计图示尺寸以框外围面积计算	安装、固定
011304002	送风口、回风口	① 风口材料品种、规格 ② 安装固定方式 ③ 防护材料种类	个	按设计图示数量计算	① 安装、固定 ② 刷防护材料

3. 计算实例

【例4-4】如图4-5、图4-6所示为某KTV包房的天棚图，试计算天棚装饰工程量。

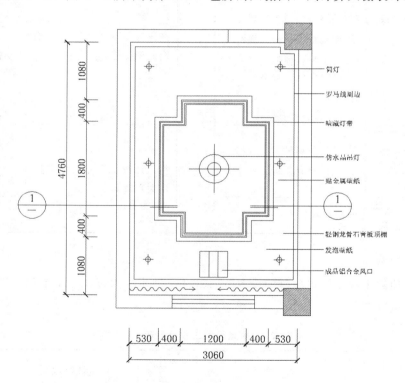

图4-5 KTV包房天棚图平面图 1∶30

【解】工程量计算如下：

轻钢龙骨工程量＝3.06×4.76＝14.57m²

金属壁纸工程量＝［（1.2×0.4）×2＋（1.8×0.4）×2＋1.2×1.8］

　　　　　　　＝0.96＋1.44＋2.16

　　　　　　　＝4.56m²

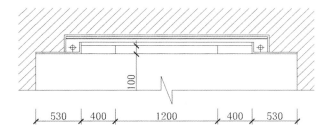

图 4-6 KTV包房天棚图 1-1剖面图 1:20

发泡壁纸工程量＝［（14.57－4.56＋（1.2×2＋1.8×2＋0.4×8）×0.1］

$$=14.57－4.56＋0.92$$

$$=10.93 m^2$$

清单工程量计算表如下：

表 4-25 清单工程量计算表

项目编码	项目名称	项目特征描述	计量单位	工程量
011302001001	吊顶工程	轻钢龙骨，石膏板天棚	m²	14.57

五、门窗工程

1. 基本内容

门窗工程包括木门、金属门、金属卷帘（闸）门、厂库房大门、特种门和其他门几种门；木窗、金属窗两种窗；还包括门窗套以及窗台板、窗帘、窗帘盒、轨。

2. 计算规则

（1）木门

木门主要包括木质门、木质门带套、木质连窗门、木制防火门、木门框和门锁安装等，它们的工程量清单项目的设置、项目特征描述的内容、计量单位、工程量计算规则应按表 4-26 所示执行。

表 4-26 木门（编码：010801）

项目编码	项目名称	项目特征	计量单位	工程量计算规则	工作内容
010801001	木质门	① 门代号及洞口尺寸 ② 镶嵌玻璃品种、厚度	① 樘 ② m²	① 以樘计量，按设计图示数量计算 ② 以平方米计量，按设计图示洞口尺寸以面积计算	① 门安装 ② 玻璃安装 ③ 五金安装
010801002	木质门带套				
010801003	木质连窗门				
010801004	木质防火门	① 门代号及洞口尺寸 ② 镶嵌玻璃品种、厚度			
010801005	木门框	① 门代号及洞口尺寸 ② 框截面尺寸 ③ 防护材料种类			① 木门框制作、安装 ② 运输 ③ 刷防护材料

项目编码	项目名称	项目特征	计量单位	工程量计算规则	工作内容
010801006	门锁安装	① 锁品种 ② 锁规格	个 （套）	按设计图示数量计算	安装

注：①木质门应区分镶板木门、企口木板门、实木装饰门、胶合板门、夹板装饰门、木纱门、全玻门（带木质扇框）、木质半玻门（带木质扇框）等项目，分别编码列项；②木门五金应包括：折页、插销、门碰珠、弓背拉手、搭机、木螺丝、弹簧折页（自动门）、管子拉手（自由门、地弹门）、地弹簧（地弹门）、角铁、门轧头（地弹门、自由门）等；③木质门带套计量按洞口尺寸以面积计算，不包括门套的面积；④以樘计量，项目特征必须描述洞口尺寸，以平方米计量，项目特征可不描述洞口尺寸；⑤单独制作安装木门框按木门框项目编码列项

（2）金属门

金属门主要包括金属（塑钢）门、彩板门、钢质防火门、防盗门等，它们的工程量清单项目的设置、项目特征描述的内容、计量单位、工程量计算规则应按表4-27所示执行。

表4-27 金属门（编码：010802）

项目编码	项目名称	项目特征	计量单位	工程量计算规则	工作内容
010802001	金属（塑钢）门	① 门代号及洞口尺寸 ② 门框或扇外围尺寸 ③ 门框、扇材质 ④ 玻璃品种、厚度	① 樘 ② m²	① 以樘计量，按设计图示数量计算 ② 以平方米计量，按设计图示洞口尺寸以面积计算	① 门安装 ② 五金安装 ③ 玻璃安装
010802002	彩板门	① 门代号及洞口尺寸 ② 门框或扇外围尺寸			
010802003	钢质防火门	① 门代号及洞口尺寸 ② 门框或扇外围尺寸 ③ 门框、扇材质			
010702004	防盗门	① 门代号及洞口尺寸 ② 门框或扇外围尺寸 ③ 门框、扇材质			① 门安装 ② 五金安装

注：①金属门应区分金属平开门、金属推拉门、金属地弹门、全玻门（带金属扇框）、金属半玻门（带扇框）等项目，分别编码列项；②铝合金门五金包括：地弹簧、门锁、拉手、门插、门铰、螺丝等；③其他金属门五金包括L形执手插锁（双舌）、执手锁（单舌）、门轧头、地锁、防盗门机、门眼（猫眼）、门碰珠、电子锁（磁卡锁）、闭门器、装饰拉手等；④以樘计量，项目特征必须描述洞口尺寸，没有洞口尺寸必须描述门框或扇外围尺寸，以平方米计量，项目特征可不描述洞口尺寸及框、扇的外围尺寸；⑤以平方米计量，无设计图示洞口尺寸，按门框、扇外围以面积计算

（3）金属卷帘（闸）门

金属卷帘（闸）门主要包金属卷帘（闸）门、防火卷帘（闸）门，它们的工程量清单项目的设置、项目特征描述的内容、计量单位、工程量计算规则应按表4-28所示执行。

表 4-28　金属卷帘（闸）门（编码：010803）

项目编码	项目名称	项目特征	计量单位	工程量计算规则	工作内容
010803001	金属卷帘（闸）门	①门代号及洞口尺寸 ②门材质 ③启动装置品种、规格	①樘 ②m²	①以樘计量，按设计图示数量计算 ②以平方米计量，按设计图示洞口尺寸以面积计算	①门运输、安装 ②启动装置、活动小门、五金安装
010803002	防火卷帘（闸）门				
注：以樘计量，项目特征必须描述洞口尺寸，以平方米计量，项目特征可不描述洞口尺寸					

（4）厂库房大门、特种门

厂库房大门、特种门包括木板大门、钢木大门、全钢板大门、防护铁丝门、金属格栅门、钢质花饰大门、特种门，它们的工程量清单项目的设置、项目特征描述的内容、计量单位、工程量计算规则应按表 4-29 所示执行。

表 4-29　厂库房大门、特种门（编码：010804）

项目编码	项目名称	项目特征	计量单位	工程量计算规则	工作内容
010804001	木板大门	①门代号及洞口尺寸 ②门框或扇外围尺寸 ③门框、扇材质 ④五金种类、规格 ⑤防护材料种类	①樘 ②m²	①以樘计量，按设计图示数量计算 ②以平方米计量，按设计图示洞口尺寸以面积计算	①门（骨架）制作、运输 ②门、五金配件安装 ③刷防护材料
010804002	钢木大门				
010804003	全钢板大门				
010804004	防护铁丝门			①以樘计量，按设计图示数量计算 ②以平方米计量，按设计图示门框或扇以面积计算	
010804005	金属格栅门	①门代号及洞口尺寸 ②门框或扇外围尺寸 ③门框、扇材质 ④启动装置的品种、规格		①以樘计量，按设计图示数量计算 ②以平方米计量，按设计图示洞口尺寸以面积计算	①门安装 ②启动装置、五金配件安装
010804006	钢质花饰大门	①门代号及洞口尺寸 ②门框或扇外围尺寸 ③门框、扇材质		①以樘计量，按设计图示数量计算 ②以平方米计量，按设计图示门框或扇以面积计算	①门安装 ②五金配件安装
010804007	特种门			①以樘计量，按设计图示数量计算 ②以平方米计量，按设计图示洞口尺寸以面积计算	

（5）其他门

其他门主要有平开电子感应门、旋转门、电子对讲门、电动伸缩门、全玻自由门和镜面不锈钢饰面门，它们的工程量清单项目的设置、项目特征描述的内容、计量单位、工程量计算规则应按表4-30所示执行。

表4-30 其他门（编码：010805）

项目编码	项目名称	项目特征	计量单位	工程量计算规则	工作内容
010805001	平开电子感应门	① 门代号及洞口尺寸 ② 门框或扇外围尺寸	① 樘 ② m²	① 以樘计量，按设计图示数量计算 ② 以平方米计量，按设计图示洞口尺寸以面积计算	① 门安装 ② 启动装置、五金、电子配件安装
010805002	旋转门	③ 门框、扇材质 ④ 玻璃品种、厚度 ⑤ 启动装置的品种、规格 ⑥ 电子配件品种、规格			
010805003	电子对讲门	① 门代号及洞口尺寸 ② 门框或扇外围尺寸 ③ 门材质			① 门安装 ② 启动装置、五金、电子配件安装
010805004	电动伸缩门	④ 玻璃品种、厚度 ⑤ 启动装置的品种、规格 ⑥ 电子配件品种、规格			
010805005	全玻自由门	① 门代号及洞口尺寸 ② 门框或扇外围尺寸 ③ 框材质 ④ 玻璃品种、厚度			① 门安装 ② 五金安装
010805006	镜面不锈钢饰面门	① 门代号及洞口尺寸 ② 门框或扇外围尺寸 ③ 框、扇材质 ④ 玻璃品种、厚度			

注：①以樘计量，项目特征必须描述洞口尺寸，没有洞口尺寸必须描述门框或扇外围尺寸，以平方米计量，项目特征可不描述洞口尺寸及框、扇的外围尺寸；②以平方米计量，无设计图示洞口尺寸，按门框、扇外围以面积计算

（6）木窗

木窗主要包括木质窗、木橱窗、木飘（凸）窗、木质成品窗等，它们的工程量清单项目的设置、项目特征描述的内容、计量单位、工程量计算规则应按表4-31所示执行。

表 4-31 木窗（编码：010806）

项目编码	项目名称	项目特征	计量单位	工程量计算规则	工作内容
010806001	木质窗	① 窗代号及洞口尺寸 ② 玻璃品种、厚度 ③ 防护材料种类	① 樘 ② m²	① 以樘计量，按设计图示数量计算 ② 以平方米计量，按设计图示洞口尺寸以面积计算	① 窗制作、运输、安装 ② 五金、玻璃安装 ③ 刷防护材料
010806002	木橱窗	① 窗代号		① 以樘计量，按设计图示数量计算 ② 以平方米计量，按设计图示尺寸以框外围展开面积计算	
010806003	木飘（凸）窗	② 框截面及外围展开面积 ③ 玻璃品种、厚度 ④ 防护材料种类			
010806004	木质成品窗	① 窗代号及洞口尺寸 ② 玻璃品种、厚度		① 以樘计量，按设计图示数量计算 ② 以平方米计量，按设计图示洞口尺寸以面积计算	① 窗安装 ② 五金、玻璃安装

注：①木质窗应区分木百叶窗、木组合窗、木天窗、木固定窗、木装饰空花窗等项目，分别编码列项；②以樘计量，项目特征必须描述洞口尺寸，没有洞口尺寸必须描述窗框外围尺寸，以平方米计量，项目特征可不描述洞口尺寸及框的外围尺寸；③以平方米计量，无设计图示洞口尺寸，按窗框外围以面积计算；④木橱窗、木飘（凸）窗以樘计量，项目特征必须描述框截面及外围展开面积；⑤木窗五金包括：折页、插销、风钩、木螺丝、滑楞滑轨（推拉窗）等；⑥窗开启方式是指平开、推拉、上或中悬；⑦窗形状是指矩形或异形

（7）金属窗

金属窗主要包括金属（塑钢、断桥）窗、金属防火窗、金属百叶窗、金属纱窗、金属格栅窗、金属（塑钢、断桥）橱窗和金属（塑钢、断桥）橱飘（凸）窗等，它们的工程量清单项目的设置、项目特征描述的内容、计量单位、工程量计算规则应按表 4-32 所示执行。

表 4-32 金属窗（编码：010807）

项目编码	项目名称	项目特征	计量单位	工程量计算规则	工作内容
010807001	金属（塑钢、断桥）窗	① 窗代号及洞口尺寸 ② 框、扇材质 ③ 玻璃品种、厚度	① 樘 ② m²	① 以樘计量，按设计图示数量计算	① 窗安装 ② 五金、玻璃安装
010807002	金属防火窗				
010807003	金属百叶窗				
010807004	金属纱窗	① 窗代号及洞口尺寸 ② 框材质 ③ 窗纱材料品种、规格			① 窗安装 ② 五金安装

项目编码	项目名称	项目特征	计量单位	工程量计算规则	工作内容
010807005	金属格栅窗	① 窗代号及洞口尺寸 ② 框外围尺寸 ③ 框、扇材质	① 樘 ② m²	② 以平方米计量，按设计图示洞口尺寸以面积计算	① 窗安装 ② 五金安装
010807006	金属（塑钢、断桥）橱窗	① 窗代号 ② 框外围展开面积 ③ 框、扇材质 ④ 玻璃品种、厚度 ⑤ 防护材料种类		① 以樘计量，按设计图示数量计算 ② 以平方米计量，按设计图示尺寸以框外围展开面积计算	① 窗制作、运输、安装 ② 五金、玻璃安装 ③ 刷防护材料
010807007	金属（塑钢、断桥）飘（凸）窗	① 窗代号 ② 框外围展开面积 ③ 框、扇材质 ④ 玻璃品种、厚度		① 以樘计量，按设计图示数量计算 ② 以平方米计量，按设计图示洞口尺寸或框外围以面积计算	① 窗安装 ② 五金、玻璃安装
010807008	彩板窗	① 窗代号及洞口尺寸 ② 框外围尺寸 ③ 框、扇材质 ④ 玻璃品种、厚度			

注：①金属窗应区分金属组合窗、防盗窗等项目，分别编码列项；②以樘计量，项目特征必须描述洞口尺寸，没有洞口尺寸必须描述窗框外围尺寸，以平方米计量，项目特征可不描述洞口尺寸及框的外围尺寸；③以平方米计量，无设计图示洞口尺寸，按窗框外围以面积计算；④金属橱窗、飘（凸）窗以樘计量，项目特征必须描述框外围展开面积；⑤金属窗中铝合金窗五金应包括：卡锁、滑轮、铰拉、执手、拉把、拉手、风撑、角码、牛角制等；⑥其他金属窗五金包括：折页、螺丝、执手、卡锁、风撑、滑轮滑轨（推拉窗）等

（8）门窗套

门窗套主要包括木门窗套、木筒子板、饰面夹板筒子板、金属门窗套、石材门窗套、门窗木贴脸和成品门窗套，它们的工程量清单项目的设置、项目特征描述的内容、计量单位、工程量计算规则应按表4-33所示执行。

表4-33　门窗套（编码：010808）

项目编码	项目名称	项目特征	计量单位	工程量计算规则	工作内容
010808001	木门窗套	① 窗代号及洞口尺寸 ② 门窗套展开宽度 ③ 基层材料种类 ④ 面层材料品种、规格 ⑤ 线条品种、规格 ⑥ 防护材料种类	① 樘 ② m² ③ m	① 以樘计量，按设计图示数量计算 ② 以平方米计量，按设计图示尺寸以展开面积计算 ③ 以米计量，按设计图示中心以延长米计算	① 清理基层 ② 立筋制作、安装 ③ 基层板安装 ④ 面层铺贴 ⑤ 线条安装 ⑥ 刷防护材料
010808002	木筒子板	① 筒子板宽度 ② 基层材料种类 ③ 面层材料品种、规格 ④ 线条品种、规格 ⑤ 防护材料种类			

（续表）

项目编码	项目名称	项目特征	计量单位	工程量计算规则	工作内容
010808003	饰面夹板筒子板	① 筒子板宽度 ② 基层材料种类 ③ 面层材料品种、规格 ④ 线条品种、规格 ⑤ 防护材料种类	① 樘 ② m² ③ m	① 以樘计量，按设计图示数量计算 ② 以平方米计量，按设计图示尺寸以展开面积计算 ③ 以米计量，按设计图示中心以延长米计算	① 清理基层 ② 立筋制作、安装 ③ 基层板安装 ④ 面层铺贴 ⑤ 线条安装 ⑥ 刷防护材料
010808004	金属门窗套	① 窗代号及洞口尺寸 ② 门窗套展开宽度 ③ 基层材料种类 ④ 面层材料品种、规格 ⑤ 防护材料种类			① 清理基层 ② 立筋制作、安装 ③ 基层板安装 ④ 面层铺贴 ⑤ 刷防护材料
010808005	石材门窗套	① 窗代号及洞口尺寸 ② 门窗套展开宽度 ③ 底层厚度、砂浆配合比 ④ 面层材料品种、规格 ⑤ 线条品种、规格			① 清理基层 ② 立筋制作、安装 ③ 基层抹灰 ④ 面层铺贴 ⑤ 线条安装
010808006	门窗木贴脸	① 门窗代号及洞口尺寸 ② 贴脸板宽度 ③ 防护材料种类	① 樘 ② m	① 以樘计量，按设计图示数量计算 ② 以米计量，按设计图示尺寸以延长米计算	贴脸板安装
010808007	成品木门窗套	① 窗代号及洞口尺寸 ② 门窗套展开宽度 ③ 门窗套材料品种、规格	① 樘 ② m² ③ m	① 以樘计量，按设计图示数量计算 ② 以平方米计量，按设计图示尺寸以展开面积计算 ③ 以米计量，按设计图示中心以延长米计算	① 清理基层 ② 立筋制作、安装 ③ 板安装

（9）窗台板

窗台板主要包括木窗台板、铝塑窗台板、金属窗台板和石材窗台板，它们的工程量清单项目的设置、项目特征描述的内容、计量单位、工程量计算规则应按表4-34所示执行。

表 4-34　窗台板（编码：010809）

项目编码	项目名称	项目特征	计量单位	工程量计算规则	工作内容
010809001	木窗台板	① 基层材料种类 ② 窗台面板材质、规格、颜色 ③ 防护材料种类	m²	按设计图示尺寸以展开面积计算	① 基层清理 ② 基层制作、安装 ③ 窗台板制作、安装 ④ 刷防护材料
010809002	铝塑窗台板				
010809003	金属窗台板				

项目编码	项目名称	项目特征	计量单位	工程量计算规则	工作内容
010809004	石材窗台板	① 黏结层厚度、砂浆配合比 ② 窗台板材质、规格、颜色	m²	按设计图示尺寸以展开面积计算	① 基层清理 ② 抹找平层 ③ 窗台板制作、安装

3. 计算实例

【例4-5】某仓库采用实拼式双面饰面防火门15樘，洞口尺寸为1500mm×2100mm，双扇平开，不包含门锁安装，计算防火门工程量。

【解】清单工程量（按设计图示数量计算）

工程量＝15樘

清单工程量计算表如下：

表4-35 清单工程量计算表

项目编码	项目名称	项目特征描述	计量单位	工程量
010801004001	木质防火门	实拼式双面石棉板防火门，双扇平开，尺寸1500mm×2100mm	樘	15

六、油漆、涂料、裱糊

1. 基本内容

油漆装饰工程项目按基层不同分为木材面油漆、金属面油漆和抹灰面油漆，在此基础上，按油漆品种、刷漆部位分项。涂料、裱糊装饰工程按涂刷、裱糊和装饰部位分项。有木材面油漆、金属面油漆、抹灰面油漆、喷（刷）涂料和喷塑等；墙面、梁柱面、天棚面的墙纸、金属墙纸、织锦缎等的裱糊。

2. 计算规则

（1）门油漆

工程量清单项目设置、项目特征描述的内容、计量单位、工程量计算规则应按表4-36所示的规定执行。

表4-36 门油漆（编号：011301）

项目编码	项目名称	项目特征	计量单位	工程量计算规则	工作内容
011401001	木门油漆	① 门类型 ② 门代号及洞口尺寸 ③ 腻子种类	① 樘 ② m²	以樘计量，按设计图示数量计量	① 基层清理 ② 刮腻子 ③ 刷防护材料、油漆

（续表）

项目编码	项目名称	项目特征	计量单位	工程量计算规则	工作内容
011401002	金属门油漆	④ 刮腻子遍数 ⑤ 防护材料种类 ⑥ 油漆品种、刷漆遍数	① 樘 ② m²	① 以樘计量，按设计图示数量计量 ② 以平方米计量，按设计图示洞口尺寸以面积计算	① 除锈、基层清理 ② 刮腻子 ③ 刷防护材料、油漆

注：①木门油漆应区分木大门、单层木门、双层（一玻一纱）木门、双层（单裁口）木门、全玻自由门、半玻自由门、装饰门及有框门或无框门等项目，分别编码列项；②金属门油漆应区分平开门、推拉门、钢制防火门列项；③以平方米计量，项目特征可不必描述洞口尺寸

（2）窗油漆

工程量清单项目设置、项目特征描述的内容、计量单位、工程量计算规则应按表4-37所示的规定执行。

表4-37　窗油漆（编号：011402）

项目编码	项目名称	项目特征	计量单位	工程量计算规则	工作内容
011402001	木窗油漆	① 窗类型 ② 窗代号及洞口尺寸 ③ 腻子种类	① 樘 ② m²	① 以樘计量，按设计图示数量计量 ② 以平方米计量，按设计图示洞口尺寸以面积计算	① 基层清理 ② 刮腻子 ③ 刷防护材料、油漆
011402002	金属窗油漆	④ 刮腻子遍数 ⑤ 防护材料种类 ⑥ 油漆品种、刷漆遍数			① 除锈、基层清理 ② 刮腻子 ③ 刷防护材料、油漆

注：①木窗油漆应区分单层木门、双层（一玻一纱）木窗、双层框扇（单裁口）木窗、双层框三层（二玻一纱）木窗、单层组合窗、双层组合窗、木百叶窗、木推拉窗等项目，分别编码列项；②金属窗油漆应区分平开窗、推拉窗、固定窗、组合窗、金属隔栅窗分别列项；③以平方米计量，项目特征可不必描述洞口尺寸

（3）木扶手及其他板条、线条油漆

工程量清单项目设置、项目特征描述的内容、计量单位、工程量计算规则应按表4-38所示的规定执行。

表4-38　木扶手及其他板条、线条油漆（编号：011403）

项目编码	项目名称	项目特征	计量单位	工程量计算规则	工作内容
011403001	木扶手油漆	① 断面尺寸 ② 腻子种类 ③ 刮腻子遍数 ④ 防护材料种类 ⑤ 油漆品种、刷漆遍数	m	按设计图示尺寸以长度计算	① 基层清理 ② 刮腻子 ③ 刷防护材料、油漆
011403002	窗帘盒油漆				
011403003	封檐板、顺水板油漆				

项目编码	项目名称	项目特征	计量单位	工程量计算规则	工作内容
011403004	挂衣板、黑板框油漆	① 断面尺寸 ② 腻子种类 ③ 刮腻子遍数 ④ 防护材料种类 ⑤ 油漆品种、刷漆遍数	m	按设计图示尺寸以长度计算	① 基层清理 ② 刮腻子 ③ 刷防护材料、油漆
011403005	挂镜线、窗帘棍、单独木线油漆				

注：木扶手应区分带托板与不带托板，分别编码列项，若是木栏杆代扶手，木扶手不应单独列项，应包含在木栏杆油漆中

（4）木材面油漆

工程量清单项目设置、项目特征描述的内容、计量单位、工程量计算规则应按表4-39所示的规定执行。

表4-39 木材面油漆（编号：011404）

项目编码	项目名称	项目特征	计量单位	工程量计算规则	工作内容
011404001	木板、纤维板、胶合板油漆				
011404002	木护墙、木墙裙油漆				
011404003	窗台板、筒子板、盖板、门窗套、踢脚线油漆			按设计图示尺寸以面积计算	
011404004	清水板条天棚、檐口油漆	① 腻子种类 ② 刮腻子遍数 ③ 防护材料种类 ④ 油漆品种、刷漆遍数	m²		① 基层清理 ② 刮腻子 ③ 刷防护材料、油漆
011404005	木方格吊顶天棚油漆				
011404006	吸音板墙面、天棚面油漆				
011404007	暖气罩油漆				
011404008	木间壁、木隔断油漆				
011404009	玻璃间壁露明墙筋油漆			按设计图示尺寸以单面外围面积计算	
011404010	木栅栏、木栏杆（带扶手）油漆				

（续表）

项目编码	项目名称	项目特征	计量单位	工程量计算规则	工作内容
011404011	衣柜、壁柜油漆	① 腻子种类 ② 刮腻子遍数 ③ 防护材料种类 ④ 油漆品种、刷漆遍数	m²	按设计图示尺寸以油漆部分展开面积计算	① 基层清理 ② 刮腻子 ③ 刷防护材料、油漆
011404012	梁柱饰面油漆				
011404013	零星木装修油漆				
011404014	木地板油漆			按设计图示尺寸以面积计算。空洞、空圈、暖气包槽、壁龛的开口部分并入相应的工程量内	
011404015	木地板烫硬蜡面	① 硬蜡品种 ② 面层处理要求			① 基层清理 ② 烫蜡

（5）金属面油漆

工程量清单项目设置、项目特征描述的内容、计量单位、工程量计算规则应按表 4-40 所示的规定执行。

表 4-40　金属面油漆（编号：011405）

项目编码	项目名称	项目特征	计量单位	工程量计算规则	工作内容
011405001	金属面油漆	① 构件名称 ② 腻子种类 ③ 刮腻子要求 ④ 防护材料种类 ⑤ 油漆品种、刷漆遍数	① t ② m²	① 以 t 计量，按设计图示尺寸以质量计算 ② 以 m² 计量，按设计结构尺寸以面积计算	① 基层清理 ② 刮腻子 ③ 刷防护材料、油漆

（6）抹灰面油漆

工程量清单项目设置、项目特征描述的内容、计量单位、工程量计算规则应按表 4-41 所示的规定执行。

表 4-41　抹灰面油漆（编号：011406）

项目编码	项目名称	项目特征	计量单位	工程量计算规则	工作内容
011406001	抹灰面油漆	① 基层类型 ② 腻子种类 ③ 刮腻子遍数 ④ 防护材料种类 ⑤ 油漆品种、刷漆遍数	m²	按设计图示尺寸以面积计算。	① 基层清理 ② 刮腻子 ③ 刷防护材料、油漆
011406002	抹灰线条油漆	① 线条宽度、道数 ② 腻子种类 ③ 刮腻子遍数 ④ 防护材料种类 ⑤ 油漆品种、刷漆遍数	m	按设计图示尺寸以长度计算。	

（7）喷刷涂料

工程量清单项目设置、项目特征描述的内容、计量单位、工程量计算规则应按表 4-42 所示的規定执行。

规定执行。

表 4-42 喷刷涂料（编号：011407）

项目编码	项目名称	项目特征	计量单位	工程量计算规则	工作内容
011407001	墙面喷刷涂料	① 基层类型 ② 喷刷涂料部位 ③ 腻子种类 ④ 刮腻子要求 ⑤ 涂料品种、喷刷遍数	m²	按设计图示尺寸以面积计算	① 基层清理 ② 刮腻子 ③ 刷、喷涂料
011407002	天棚喷刷涂料				
011407003	空花格、栏杆刷涂料	① 腻子种类 ② 刮腻子遍数 ③ 涂料品种、刷喷遍数	m²	按设计图示尺寸以单面外围面积计算	① 基层清理 ② 刮腻子 ③ 刷、喷涂料
011407004	线条刷涂料	① 基层清理 ② 线条宽度 ③ 刮腻子遍数 ④ 刷防护材料、油漆	m	按设计图示尺寸以长度计算	
011407005	金属构件刷防火涂料	① 喷刷防火涂料构件名称。 ② 防火等级要求 ③ 涂料品种、喷刷遍数	① t ② m²	① 以 t 计量，按设计图示尺寸以质量计算 ② 以 m² 计量，按设计结构尺寸以面积计算	① 基层清理 ② 刷防护材料、油漆
注：喷刷墙面涂料部位要注明内墙或外墙					

（8）裱糊

工程量清单项目设置、项目特征描述的内容、计量单位、工程量计算规则应按表 4-43 所示的规定执行。

表 4-43 裱糊（编号：011408）

项目编码	项目名称	项目特征	计量单位	工程量计算规则	工作内容
011408001	墙纸裱糊	① 基层类型 ② 裱糊部位 ③ 腻子种类 ④ 刮腻子遍数 ⑤ 黏结材料种类 ⑥ 防护材料种类 ⑦ 面层材料品种、规格、品牌、颜色	m²	按设计图示尺寸以面积计算	① 基层清理 ② 刮腻子 ③ 面层铺粘 ④ 刷防护材料
011408002	织锦缎裱糊				

3. 计算实例

【例 4-6】如图 4-7 所示，若门为单层木门，刷底油一遍、清漆二遍，试计算其工程量。

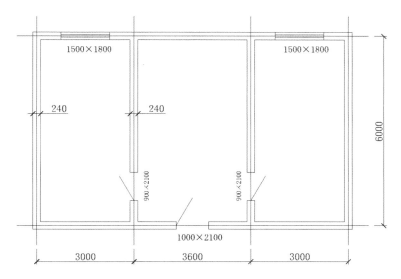

图 4-7　某建筑平面示意图　1:50

【解】清单工程量按设计图示数量计算。

工程量＝1＋1＋1＝3 樘

清单工程量计算表如下：

表 4-44　清单工程量计算表

项目编码	项目名称	项目特征	计量单位	工作量
011401001001	木门油漆	单层木门，刷底油一遍，清漆两遍	樘	3

七、其他装饰工程

1. 基本内容

室内其他装饰工程的内容包括家具、压条、装饰线、扶手、栏杆、栏杆装饰、暖气罩、浴厕配件、雨篷、旗杆、招牌、灯箱、美术字等。

2. 计算规则

（1）家具

柜类、货架家具的工程量清单项目设置、项目特征描述的内容、计量单位、工程量计算规则应如表 4-45 所示的规定执行。

表 4-45　柜类、货架（编号：011501）

项目编码	项目名称	项目特征	计量单位	工程量计算规则	工作内容
011501001	柜台	① 台柜规格	① 个 ② m ③ m³	① 以个计量，按设计图示数量计量 ② 以米计量，按设计图示尺以延长米计算 ③ 以立方米计量，按设计图示尺寸以体积计算	① 台柜制作、运输、安装（安放） ② 刷防护材料、油漆 ③ 五金件安装
011501002	酒柜	② 材料种类、规格			
011501003	衣柜	③ 五金种类、规格			
011501004	存包柜	④ 防护材料种类			
011501005	鞋柜	⑤ 油漆品种、刷漆遍数			

项目编码	项目名称	项目特征	计量单位	工程量计算规则	工作内容
011501006	书柜	①台柜规格 ②材料种类、规格 ③五金种类、规格 ④防护材料种类 ⑤油漆品种、刷漆遍数	①个 ②m ③m³	①以个计量，按设计图示数量计量 ②以米计量，按设计图示尺以延长米计算 ③以立方米计量，按设计图示尺寸以体积计算	①台柜制作、运输、安装（安放） ②刷防护材料、油漆 ③五金件安装
011501007	厨房壁柜				
011501008	木壁柜				
011501009	厨房低柜				
011501010	厨房吊柜				
011501011	矮柜				
011501012	吧台背柜				
011501013	酒吧吊柜				
011501014	酒吧台				
011501015	展台				
011501016	收银台				
011501017	试衣间				
011501018	货架				
011501019	书架				
011501020	服务台				

（2）压条、装饰线

金属、木质、石材、石膏、铝塑、塑料装饰线和镜面玻璃线的工程量清单项目设置、项目特征描述的内容、计量单位、工程量计算规则应按如表4-46所示的规定执行。

表4-46 装饰线（编号：011502）

项目编码	项目名称	项目特征	计量单位	工程量计算规则	工作内容
011502001	金属装饰线条	①基层类型 ②线条材料品种、规格、颜色 ③防护材料的种类	m	按设计图示尺寸以长度计算	①线条制作、安装 ②刷防护材料
011502002	木质装饰线条				
011502003	石材装饰线条				
011502004	石膏装饰线条				
011502005	镜面玻璃线				
011502006	铝塑装饰线				
011502007	塑料装饰线				

（3）扶手、栏杆、栏板装饰

金属、硬木或塑料扶手、栏杆、栏板，金属、硬木或塑料靠墙扶手，以及玻璃栏板等装饰工程项目的工程量清单的设置、项目特征描述的内容、计量单位、工程量计算规则应如表4-47所示执行。

表4-47　扶手、栏杆、栏板装饰（编号：011503）

项目编码	项目名称	项目特征	计量单位	工程量计算规则	工作内容
011503001	金属扶手、栏杆、栏板	① 扶手材料种类、规格、品牌 ② 栏杆材料种类、规格、品牌 ③ 栏板材料种类、规格、品牌	m	按设计图示以扶手中心线长度（包括弯头长度）计算	① 制作 ② 运输 ③ 安装 ④ 刷防护材料
011503002	硬木扶手、栏杆、栏板				
011503003	塑料扶手、栏杆、栏板				
011503004	金属靠墙扶手	① 扶手材料种类、规格、品牌 ② 固定配件种类 ③ 防护材料种类			
011503005	硬木靠墙扶手				
011503006	塑料靠墙扶手				
011503007	玻璃栏板	① 栏杆玻璃的种类、规格、颜色、品牌 ② 固定方式 ③ 固定配件种类			

（4）暖气罩

饰面板、塑料和金属等暖气罩的工程量清单项目设置、项目特征描述的内容、计量单位、工程量计算规则，应按表4-48所示的规定执行。

表4-48　暖气罩（编号：011504）

项目编码	项目名称	项目特征	计量单位	工程量计算规则	工作内容
011504001	饰面板暖气罩	① 暖气罩材质 ② 防护材料种类	m²	按设计图示尺寸以垂直投影面积（不展开）计算	① 暖气罩制作、运输、安装 ② 刷防护材料
011504002	塑料板暖气罩				
011504003	金属暖气罩				

（5）浴厕配件

浴厕配件主要包括洗漱台、晒衣架、帘子杆、浴缸拉手、卫生间扶手、毛巾杆（架）、毛巾环、卫生纸盒、肥皂盒、镜面玻璃和镜箱等，它们的工程量清单项目设置、项目特征描述的内容、计量单位、工程量计算规则应按表4-49所示的规定执行。

表 4-49　浴厕配件（编号：011505）

项目编码	项目名称	项目特征	计量单位	工程量计算规则	工作内容
011505001	洗漱台	① 材料品种、规格、颜色 ② 支架、配件品种、规格	① m² ② 个	① 按设计图示尺寸以台面外接矩形面积计算。不扣除孔洞、挖弯、削角所占面积，挡板、吊沿板面积并入台面面积内 ② 按设计图示数量计算	① 台面及支架运输、安装 ② 杆、环、盒、配件安装 ③ 刷油漆
011505002	晒衣架		个	按设计图示数量计算	
011505003	帘子杆				
011505004	浴缸拉手				
011505005	卫生间扶手				
011505006	毛巾杆（架）		套		
011505007	毛巾环		副		
011505008	卫生纸盒		个		
011505009	肥皂盒				
011505010	镜面玻璃	① 镜面玻璃品种、规格 ② 框材质、断面尺寸 ③ 基层材料种类 ④ 防护材料种类	m²	按设计图示尺寸以边框外围面积计算	① 基层安装 ② 玻璃及框制作、运输、安装
011505011	镜箱	① 箱材质、规格 ② 玻璃品种、规格 ③ 基层材料种类 ④ 防护材料种类 ⑤ 尤其品种、刷漆遍数	个	按设计图示数量计算	① 基层安装 ② 箱体制作、运输、安装 ③ 玻璃安装 ④ 刷防护材料、油漆

（6）雨篷、旗杆

　　雨篷、旗杆的工程量清单项目设置、项目特征描述的内容、计量单位、工程量计算规则应按表4-50所示的规定执行。

表 4-50　雨篷、旗杆（编号：011506）

项目编码	项目名称	项目特征	计量单位	工程量计算规则	工作内容
011506001	雨篷吊挂饰面	① 基层类型 ② 龙骨材料种类、规格、中距 ③ 面层材料品种、规格、品牌 ④ 吊顶（天棚）材料品种、规格、品牌 ⑤ 嵌缝材料种类 ⑥ 防护材料种类	m²	按设计图示尺寸以水平投影面积计算	① 底层抹灰 ② 龙骨基层安装 ③ 面层安装 ④ 刷防护材料、油漆

（续表）

项目编码	项目名称	项目特征	计量单位	工程量计算规则	工作内容
011506002	金属旗杆	① 旗杆材料、种类、规格 ② 旗杆高度 ③ 基础材料种类 ④ 基座材料种类 ⑤ 基座面层材料、种类、规格	根	按设计图示数量计算	① 土石挖、填、运 ② 基础混凝土浇筑 ③ 旗杆制作、安装 ④ 旗杆台座制作、饰面
011506003	玻璃雨篷	① 玻璃雨篷固定方式 ② 龙骨材料种类、规格、中距 ③ 玻璃材料品种、规格 ④ 嵌缝材料种类 ⑤ 防护材料种类	m²	按设计图示尺寸以水平投影面积计算	① 龙骨基层安装 ② 面层安装 ③ 刷防护材料、油漆

（7）招牌、灯箱

平面、箱式招牌、竖式标箱和灯箱等的工程量清单项目设置、项目特征描述的内容、计量单位，应如表4-51所示的规定执行。

表4-51 招牌、灯箱（编号：011507）

项目编码	项目名称	项目特征	计量单位	工程量计算规则	工作内容
011507001	平面、箱式招牌	① 箱体规格 ② 基层材料种类 ③ 面层材料种类 ④ 防护材料种类	m²	按设计图示尺寸以正立面边框外围面积计算，复杂形的凸凹造型部分不增加面积	① 基层安装 ② 箱体及支架制作、运输、安装 ③ 面层制作、安装 ④ 刷防护材料、油漆
011507002	竖式标箱				
011507003	灯箱				
011507004	信报箱	① 箱体规格 ② 基层材料种类 ③ 面层材料种类 ④ 保护材料种类 ⑤ 户数	个	按设计图示数量计算	

（8）美术字

美术字包括泡沫塑料子、有机玻璃字、木质字、金属字和吸塑字等项目，美术字工程量清单项目设置、项目特征描述的内容、计量单位及工程量计算规则应按表4-52所示的规定执行。

表 4-52　美术字（编号：011508）

项目编码	项目名称	项目特征	计量单位	工程量计算规则	工作内容
011508001	泡沫塑料字	① 基层类型 ② 镌字材料品种、颜色 ③ 字体规格 ④ 固定方式 ⑤ 油漆品种、刷漆遍数	个	按设计图示数量计算	① 字制作、运输、安装 ② 刷油漆
011508002	有机玻璃字				
011508003	木质字				
011508004	金属字				
011508005	吸塑字				

3. 计算实例

【例 4-7】某住房制作安装一酒柜，木骨架，背板、顶面及侧面为三合板，底板及隔板为细木工板，外围及柜的正面贴榉木板面层，玻璃推拉门，金属滑轨，求其工程量。

【解】清单工程量按设计图示数量计算。

酒柜工程量＝设计图示数量＝1（个）

清单工程量计算表如下：

表 4-53　清单工程量计算表

项目编码	项目名称	项目特征描述	计量单位	工程量
011501002001	酒柜	木骨架，背板、顶面及侧面为三合板，底板及隔板为细木工板，外围及柜的正面贴榉木板面层	个	1

小　结

装饰工程工程量的计量是清单计价过程中最为复杂和琐碎的一部分。首先应根据施工图纸和清单工程量计算规则，遵循适当的计算顺序，列出单位工程施工图的分项工程项目名称，如自流平地面、轻钢龙骨石膏板吊顶、木扶手刷调和漆等。然后根据施工图所示的部位、尺寸和数量，按照清单工程量计算规则，列工程计算式。最后计算出正确结果，并将相同的分项工程的工程量累计在一起，得到每一分项工程的合计数量，填好相应的计算表，校对后编制工程量清单。

思考与练习

一、单项选择题

1. 整体面层工程量计算方法是（　　）。

A. 按设计图示尺寸面积计算　　　　　B. 按实际施工面积计算

C. 扣除 0.3m² 以内的独立柱　　　　　D. 增加门洞开口部分面积

2. 墙面装饰面材料种类、分格缝宽度等属于（　　）。

A. 工程内容　　　　　　　　　　　　B. 特征描述

C. 水平投影面积　　　　　　　　　　D. 都不是

3. 某工程室内细木工板基层净面积为 160m²，面层展开面积为 20m²，独立柱所占面积为 6m²，单个管道所占面积为 0.1m²，则吊顶天棚清单工程量是(　　)m²。

A. 154　　　　　　　B. 180　　　　　　　C. 153.9　　　　　　　D. 159.9

4. 下列不按设计图示尺寸以长度计算清单工程量的是(　　)。

A. 木窗帘盒　　　　B. 门窗木贴脸　　　　C. 窗帘轨　　　　　　D. 铝塑窗台板

5. 按实刷展开面积计算油漆工程量的分项是(　　)。

A. 筒子板　　　　　B. 衣柜、壁柜　　　　C. 门窗套　　　　　　D. 木方格吊顶天棚

6. 关于洗漱台清单工程量计算，下列说法正确的是(　　)。

A. 按自然计量单位以"块"计算

B. 设计图示尺寸以台面外接矩形面积计算

C. 挡板、吊沿板面积不并入台面面积内，需另列清单项目计算

D. 扣除孔洞、挖弯、削角所占面积

二、多项选择题

1. 块料面层分项项目特征与以下哪些内容相关？(　　)

A. 结合层的厚度　　　　　　　　B. 面层的材料品种

C. 嵌缝材料种类　　　　　　　　D. 材料的运距

2. 天棚吊顶的内容包括(　　)。

A. 龙骨安装　　　　　　　　　　B. 嵌缝刷防护材料、油漆

C. 基层板铺贴　　　　　　　　　D. 面层铺贴

3. 实木装饰门清单工程量计量单位是(　　)。

A. 樘　　　　　　　B. 米　　　　　　　C. 套　　　　　　　D. 平方米

4. 按设计图示尺寸以单面外围面积计算清单工程量的是(　　)。

A. 空花格刷涂料　　　　　　　　B. 栏杆刷涂料

C. 封檐板油漆　　　　　　　　　D. 线条刷涂料

第五章 工程量清单与计价

教学目标

本章主要介绍工程量清单和清单计价的概念、内容和工程量清单的编制，在此基础上学习工程量清单的计价。了解工程量清单概念、内容，熟悉《建设工程工程量清单计价规范》（GB50500－2013），重点掌握综合单价的计算方法。

教学要求

知识要点	能力要求	相关知识
工程量清单计价	① 了解工程量清单的概念 ② 熟悉工程量清单计价的内容、意义和一般规定	工程量清单计价的组成
《建设工程工程量清单计价规范》 （GB50500－2013）	① 熟悉定额的组成内容 ② 了解定额手册并熟悉手册的组成内容	与2008规范的区别
工程量清单的编制	① 了解套用定额的注意事项 ② 熟悉定额的不同编号方式 ③ 掌握定额项目的选套方法	① 工程量清单编制的依据 ② 分部分项工程量清单、措施项目清单、其他项目清单、规费项目清单、税金项目清单的编制

基本概念

工程量清单、工程量清单计价、《建设工程工程量清单计价规范》（GB50500－2013）分部分项工程量清单、措施项目清单、其他项目清单、规费项目清单、税金项目清单

引例

我国从2003年开始执行工程量清单计价，逐渐从定额计价方式过渡到清单计价的方式。2008年、2013年在原来的基础上对清单计价规范进行了修订，使之逐步完善起来。本章在学习工程量清单编制的基础上，展开清单计价的学习。工程量清单包括哪些内容？如何计价？一份完整的清单报

价又包括哪些内容？这将是本章需要解答的问题。

　　例：按照《建设工程工程量清单计价规范》的规定，工程量清单包括（　　　）

A. 分部分项工程量清单　　　　　　　　B. 零星工程项目清单

C. 措施项目清单　　　　　　　　　　　D. 其他项目清单

E. 工程量表

第一节　工程量清单与计价概述

一、工程量清单

　　工程量清单是建设工程的分部分项工程项目、措施项目、其他项目、规费项目和税金项目的名称和相应数量等的明细清单。工程量清单是工程量清单计价的基础，应作为标准招标控制价、投标报价、计算工程量。支付工程款、调整合同价款、办理竣工结算以及工程索赔等的依据。工程量清单的项目划分以"综合实体"考虑，一般包括多项工作内容或工序。工程量清单应由具有编制能力的招标人或受其委托，具有相应资质的工程造价咨询人编制，编制人是招标人或其委托的工程造价咨询单位。

　　工程量清单必须依据《建设工程工程量清单计价规范》（GB50500—2013）的工程量计算规则、分部分项工程项目划分及计算单位的规定、施工设计图纸、施工现场情况和招标文件中的有关要求进行编制。在理解工程量清单的概念时，首先应注意到，工程量清单是一份由招标人提供的文件，编制人是招标人或其委托的工程造价咨询单位。其次，在性质上说，工程量清单是招标文件的组成部分，一经中标且签订合同，即成为合同的组成部分。因此，无论招标人还是投标人都应该慎重对待。再次，工程量清单的描述对象是拟建工程，其内容涉及清单项目的性质、数量等，并以表格为主要表现形式。

二、工程量清单计价

1. 工程量清单计价的含义

　　工程量清单计价是指投标人完成由招标人提供的工程量清单所需的全部费用，包括分部分项工程费、措施项目费、其他项目费、规费和税金。工程量清单计价方式，是在建设工程招投标中，招标人自行或委托具有资质的中介机构编制反映工程实体消耗和措施性消耗的工程量清单，并作为招标文件的一部分提供给投标人，由投标人依据工程量清单自主报价的计价方式。在工程招标中采用工程量清单计价是国际上较为通行的做法。

　　工程量清单计价首先反映量价分离的特点，在工程量没有很大变化的情况下，单位工程量的单价一般不发生变化。工程量清单计价的核心是发包人提供清单，承包人自主报价，市场形成价格，且服从市场监管。工程量清单计价是一种新的计价方式，不是仅限于招标阶段的计价方式，而是贯穿于从招标阶段起至工程竣工结算全过程的计价方式。

2. 工程量清单计价的意义

　　工程量清单计价是根据招标文件规定计算的完成工程量清单所列项目的全部费用。由投标人编

制投标报价，通过竞标形成建设工程造价，符合市场经济的原则，体现了企业的竞争实力和水平。有以下几个方面的意义：

（1）工程量清单计价有利于风险合理分担。采用工程量清单计价，承包人只对自己所报单价负责，而工程量变更的风险由发包人承担，这种格局符合风险合理分担与责权利关系对等的一般原则。与定额计价（量价合一）相比，工程量清单计价（量价分离）有效降低了承发包双方的风险，符合风险合理分担的原则。

（2）工程量清单计价是一种公开、公平竞争的计价方法。工程量清单计价符合市场经济运行的规律和市场竞争的规则，有利于招标控制价的管理与控制，采用工程量清单招标，工程量、招标控制价是公开的，是招标文件的一部分。招标控制价只起到控制中标价不能突破招标控制价，而在评标过程中并不像定额计价招投标的标底那样重要，这样从根本上消除了标底泄露所带来的负面影响。因工程量清单招标方式通常采用合理低价中标，这就可以显著提高发包人的资金使用效益，促进承包人加快技术进步及革新，改善经营管理，提高劳动生产率和确定合理施工方案，在合理低价中获得合理或最佳的利润。这对承发包双方有利，对国家经济建设与发展更为有利，是一个多方获益的计价模式。

（3）工程量清单计价方便工程管理。工程量清单除具有计价作用外，承包人可以将设计图纸、施工规范、工程量清单综合考虑，编制材料采购计划、安排资源计划、控制工程成本，使总的目标成本在控制范围内；工程量清单为发包人中期付款和工程结算提供了便利，利用工程量清单，业主在建设工程中严格控制工程款的拨付、设计变更和现场签证。发包人和监理工程师还可以根据工程量清单检查承包人的施工情况，进行资金的准备与安排，保证及时支付工程价款和进行投资控制；而承包人则按合同规定和发包人要求，严格执行工程量清单报价中的原则和内容，及时与发包人和监理工程师联系，合理追回工程款，以便如期完工。

（4）推行工程量清单计价有利于与国际接轨。工程量清单计价是国际上工程建设招投标活动的通行做法，在国际上通行已有上百年的历史，规章完备，体系成熟。工程量清单计价方式这一改革对我国企业参加国际工程竞争铺平了道路，也是我国加入世界贸易组织（WTO）所作的承诺，更加有利于我国尽快制定工程造价法律体系，以适应市场经济全球化的要求。

（5）推行工程量清单计价有利于规范计价行为。推行工程量清单计价将统一建设工程的计量单位、计量规则，规范了建设工程计价行为，促进了工程造价管理改革的深入和管理体制的创新，最终建立和形成了政府宏观调控、市场有序竞争的工程造价管理新机制，也将对工程招投标活动，工程施工、工程管理、工程监理等方方面面产生深远的影响。

3. 工程量清单计价方式的一般规定

（1）使用国有资金投资的建设工程发承包，必须采用工程量清单计价。

（2）非国有资金投资的建设工程，宜采用工程量清单计价。

（3）不采用工程量清单计价的建设工程，应执行本规范除工程量清单等专门性规定外的其他规定。

（4）工程量清单应采用综合单价计价。

（5）措施项目中的安全文明施工费必须按国家或省级、行业建设主管部门的规定计算，不得作为竞争性费用。

（6）规费和税金必须按国家或省级、行业建设主管部门的规定计算，不得作为竞争性费用。

三、《建设工程工程量清单计价规范》（GB50500－2013）的特点

《建设工程工程量清单计价规范》（GB50500－2013）是在2003年《清单规范》首次出台和2008年《清单规范》的基础上修订而来，随着工程量清单计价制度的重大变革，以及工程造价行业的形势发展需求，从2003版规范条文数量45条，至2008版136条，再到2013版规范的328条。对于清单的整体内容基本一样，分别是正文规范、工程计量规范、条文说明。

《建设工程工程量清单计价规范》（GB50500－2013）的颁布，规划了发承包人的责任及所需承担的风险；对2008年一些有模糊含义的条文，修订用词，规定更为严格；专业体系更加细致等，促使市场及从业人员有据可依。

（1）扩大了计价计量规范的适用范围

《建设工程工程量清单计价规范》（GB50500－2013）明确规定，"本规范适用于建设工程发承包及实施阶段的计价活动"，2013年的规范中同时也规定"××工程计价，必须按本规范规定的工程量计算规则进行工程计量"。而非"2008规范"规定的"适用于工程量清单计价活动"。表明了不分何种计价方式，必须执行计价计量规范，对规范发承包双方计价行为有了统一的标准。

（2）深化了工程造价运行机制的改革

《建设工程工程量清单计价规范》（GB50500－2013）坚持了"政府宏观调控、企业自主报价、竞争形成价格、监管行之有效"的工程造价管理模式的改革方向。在条文设置上，使其工程计量规则标准化、工程计价行为规范化、工程造价形成市场化。

（3）强化了工程计价计量的强制性规定

《建设工程工程量清单计价规范》（GB50500－2013）在保留"2008规范"强制性条文的基础上，又在一些重要环节新增了部分强制性条文，在规范发承包双方计价行为方面得到了加强。

（4）注重了与施工合同的衔接

《建设工程工程量清单计价规范》（GB50500－2013）明确定义为适用于"工程施工发承包及实施阶段……"因此，在名词、术语、条文设置上尽可能与施工合同相衔接，既重视规范的指引和指导作用，又充分尊重发承包双方的意思自治，为造价管理与合同管理相统一搭建了平台。

（5）明确了工程计价风险分担的范围

《建设工程工程量清单计价规范》（GB50500－2013）在"2008规范"计价风险条文的基础上，根据现行法律法规的规定，进一步细化、细分了发承包阶段工程计价风险，并提出了风险的分类负担规定，为发承包双方共同应对计价风险提供了依据。

（6）完善了招标控制价制定

"2008规范"总结了各地经验，统一了招标控制价称谓，在《招标投标法实施条例》中又以最高投标限价得到了肯定。《建设工程工程量清单计价规范》（GB50500－2013）从编制、复核、投诉与处理等方面对招标控制价作了详细规定。

（7）规范了不同合同形式的计量与价款交付

《建设工程工程量清单计价规范》（GB50500－2013）针对单价合同、总价合同给出了明确定义，指明了其在计量和合同价款中的不同之处，提出了单价合同中的总价项目和总价合同的价款支

付分解及支付的解决办法。

（8）统一了合同价款调整的分类内容

《建设工程工程量清单计价规范》（GB50500－2013）按照形成合同价款调整的因素，归纳为5类14个方面，并明确将索赔也纳入合同价款调整的内容，每一方面均有具体的条文规定，为规范合同价款调整提供了依据。

（9）确立了施工全过程计价控制与工程结算的原则

《建设工程工程量清单计价规范》（GB50500－2013）从合同约定到竣工结算的全过程均设置了可操作性的条文，体现了发承包双方应在施工全过程中管理工程造价，明确规定竣工结算应依据施工过程中的发承包双方确认的计量、计价资料办理的原则，为进一步规范竣工结算提供了依据。

（10）提供了合同价款争议解决的方法

《建设工程工程量清单计价规范》（GB50500－2013）将合同价款争议专列一章，根据现行法律规定立足于把争议解决在萌芽状态，为及时并有效地解决施工过程中的合同价款争议，提出了不同的解决方法。

（11）增加了工程造价鉴定的专门规定

由于不同的利益诉求，一些施工合同纠纷采用仲裁、诉讼的方式解决，这时，工程造价鉴定意见就成了一些施工合同纠纷案件裁决或判决的主要依据。因此，工程造价鉴定除应按照工程计价规定外，还应符合仲裁或诉讼的相关法律规定，《建设工程工程量清单计价规范》（GB50500－2013）对此作了规定。

（12）细化了措施项目计价的规定

《建设工程工程量清单计价规范》（GB50500－2013）根据措施项目计价的特点，按照单价项目、总价项目分类列项，明确了措施项目的计价方式。

（13）增强了规范的操作性

《建设工程工程量清单计价规范》（GB50500－2013）尽量避免条文点到为止，增加了操作方面的规定。"2013计量规范"在项目划分上体现简明适用；项目特征既体现本项目的价值，又方便操作人员的描述；计量单位和计算规则，既方便了计量的选择，又考虑了与现行计价定额的衔接。

第二节　工程量清单的编制

一、工程量清单编制的依据

招标工程量清单应以单位（项）工程为单位编制，应由分部分项工程量清单、措施项目清单、其他项目清单、规费和税金项目清单组成。招标工程量清单编制的依据有：

（1）《建设工程工程量清单计价规范》（GB50500－2013）和相关工程的国家计量规范；

（2）国家或省级、行业建设主管部门颁发的计价定额和办法；

（3）建设工程设计文件及相关材料；

（4）与建设工程有关的标准、规范、技术资料；

（5）拟定的招标文件；

（6）施工现场情况、地勘水文资料、工程特点及常规施工方案；

（7）其他相关资料。

二、工程量清单编制的步骤和方法

（1）工程量清单编制程序和步骤如图 5-1 所示。

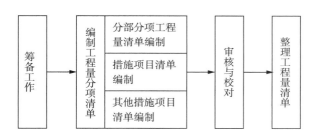

图 5-1

（2）分部分项工程量清单编制程序和方法如图 5-2 所示。

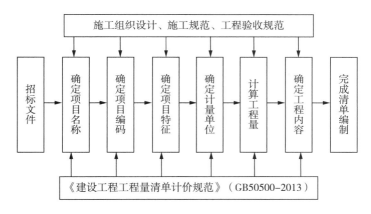

图 5-2

编制分项工程量清单应按项目编码、项目名称、计量单位和工程量计算规则统一的有关规定进行编制，具体编制可分述如下。

（1）做好清单编制的准备工作：先学好《计价规范》及相应的工程量计价规则；熟悉工程所处的位置及相关的资源资料，熟悉设计图纸和相关的设计施工规范、施工工艺和操作规程；了解工程现场及施工条件，调查施工企业情况和协作施工的条件等。

（2）确定分部分项工程的名称：严格根据《计价规范》的相关规定进行工程分部分项的名称的确定并做好编码工作。

（3）按规范规定的工程量计算规则计算分部分项工程工程量并严格套用单位。

（4）进行工程量清单编制并进行反复的核对，检查无误后再进行综合的造价编制。

三、分部分项工程量清单编制

分部分项工程量清单应包括项目编码、项目名称、项目特征、计量单位和工程量。应根据附录

规定的项目编码、项目名称、项目特征、计量单位和工程量计算规则进行编制。

（1）项目编码的确定

项目编码分为五级编码，即：分类码、章顺序码、节顺序码、清单项目码、具体项目清单项目编码。项目编码采用12位阿拉伯数字表示。项目编码1至9位为统一编码，附录2－12位为清单项目名称顺序码，由清单人员按"计价规范"要求编制。

1－2位数字表示工程类别，如：01为建筑工程，02为装饰装修工程，03为安装工程，04为市政工程，05为园林绿化工程，06为矿山工程。3－4位为专业工程顺序码，如建筑工程类别下的01表示土石方工程，02表示桩与地基基础工程，03表示砌筑工程，04表示混凝土及钢筋混凝土工程，05表示厂库房大门、特种门、木结构工程，06表示金属结构工程，07表示屋面及防水工程，08表示防腐、隔热、保温工程。5－6位为专业工程下的分部工程顺序码。7－9位为分部工程下的分项工程项目名称顺序码。如图5－3所示。

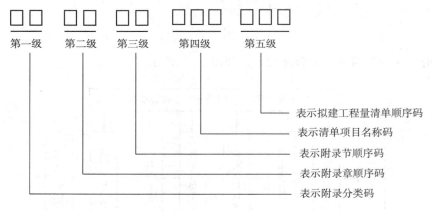

图 5－3

（2）项目名称的确定

项目名称应按《建设工程量清单计价规范》附录的项目名称与项目特征并结合拟建工程的实际确定。《建设工程量清单计价规范》没有的项目，编制人可作相应补充，并报工程造价管理机构备案。

（3）项目特征的描述

由于项目特征直接影响工程实体的自身价值，关系到综合单价的准确确定，因此项目特征的描述，应根据《建设工程量清单计价规范》项目特征的要求，结合技术规范、标准图集、施工图纸，按照工程结构、使用材质及规格或安装位置等，予以详细表述和说明。

必须描述的内容如下：

①涉及正确计量计价的必须描述，如门窗洞口尺寸或框外围尺寸；

②涉及结构要求的必须描述，如混凝土强度等级（C20或C30）；

③涉及施工难易程度的必须描述，如抹灰的墙体类型（砖墙或混凝土墙）；

④涉及材质要求的必须描述，如油漆的品种、管材的材质（碳钢管、无缝钢管）等。

可不描述的内容如下：

①对项目特征或计量计价没有实质影响的内容可不描述，如混凝土柱高度、断面大小等；

②应由投标人根据施工方案确定的可不描述，如预裂爆破的单孔深度及装药量等；

③应由投标人根据当地材料确定的可不描述，如混凝土拌合料使用的石子种类及粒径、砂的种类等；

④应由施工措施解决的可不描述，如现浇混凝土板、梁的标高等。

可不详细描述的内容如下：

①无法准确描述的可不详细描述，如土壤类别可描述为综合等（对工程所在具体地点来说，应由投标人根据地勘资料确定土壤类别，决定报价）；

②施工图、标准图标注明确的，可不再详细描述，可描述为见××图集××图号等；

③还有一些项目可不详细描述，但清单编制人在项目特征描述中应注明由投标人自定，如"挖基础土方"中的土方运距等。

（4）计量单位的确定

分部分项工程量清单计量单位应按附录中规定的计量单位确定。当计量单位有两个或两个以上时，应根据所编工程量清单项目的特征要求，选择最适宜表述该项目特征并方便计量的单位。

（5）工程量的计算

分部分项工程量清单中所列工程量应按《计量规范》的工程量计算规则计算。工程量计算规则是指对清单项目工程量计算的规定。除另有说明外，所有清单项目的工程量以实体工程量为准，并以完成后的净值来计算。因此，在计算综合单价时应考虑施工中的各种损耗和需要增加的工程量，或在措施费清单中列入相应的措施费用。采用工程量清单计算规则，工程实体的工程量是唯一的。统一的清单工程量为各投标人提供了一个公平竞争的平台，也方便招标人对各投标人的报价进行对比。

（6）补充项目

编制工程量清单时如果出现《计量规范》附录中未包括的项目，编制人应做补充，并报省级或行业工程造价管理机构备案。补充项目的编码对应计量规范的代码X（即01～09）与B和三位阿拉伯数字组成，并应从XB001起顺序编制，同一招标工程的项目不得重码。工程量清单中需附有项目的名称、项目特征、计量单位、工程量计算规则、工作内容。项目补充示例如下：

附录 M 墙、柱面装饰与隔断、幕墙工程

表 5-1 M.11 隔墙（编码 011211）

项目编码	项目名称	项目特征	计量单位	工程量计算规则	工作内容
01 B001	成品 GRC 隔墙	① 隔墙材料品种、规格 ② 隔墙厚度 ③ 嵌缝、塞口材料品种	m^2	按设计图示尺度以面积计算，扣除门窗洞口及单个 $\geqslant 0.3m^2$ 的孔洞所占面积	① 骨架及边框安装 ② 隔板安装 ③ 嵌缝、塞口

四、措施项目清单编制

措施项目清单是指为了完成工程项目施工，发生于该工程施工准备和施工过程中的技术、生活、安全、环境保护等方面的项目清单。鉴于已将"2008规范"中"通用措施项目一览表"中的内容列入相关工程国家计量规范，因此《建设工程工程量清单计价规范》（GB50500－2013）规定：措施项目清单必须根据相关工程现行国家计量规范的规定编制。规范中将措施项目分为能计量和不

能计量两种。对能计量的措施项目（即单价措施项目），同分部分项工程量一样，编制措施项目清单时应列出项目编码、项目名称、项目特征、计量单位，并按现行计量规范规定，采用对应的工程量计算规则计算其工程量。对未列出项目名称、计量单位的项目，编制措施项目清单时，应按现行计量规范附录（措施项目）的规定执行。由于工程建设施工特点和承包人组织施工生产的施工措施有时并不完全一致，因此《建设工程工程量清单计价规范》（GB50500－2013）规定：措施项目清单应根据拟建工程的实际情况列项。

措施项目清单的编制应考虑多种因素，除了工程本身的因素外，还要考虑水文、气象、环境、安全和施工企业的实际情况。措施项目清单的设置，需要注意以下几点：

（1）参考拟建工程的常规施工组织设计，以确定环境保护、安全文明施工、临时设施、材料的二次搬运等项目；

（2）参考拟建工程的常规施工技术方案，以确定大型机械设备进出场及安拆、混凝土模板及支架、脚手架、施工排水、施工降水、垂直运输机械、组装平台等项目；

（3）参阅相关的施工规范与工程验收规范，以确定施工方案没有表述的但为实现施工规范与工程验收规范要求而必须发生的技术措施；

（4）确定设计文件中不足以写进施工方案，但要通过一定的技术措施才能实现的内容；

（5）确定招标文件中提出的某些需要通过一定的技术措施才能实现的要求。

五、其他项目清单的编制

其他项目清单是指分部分项工程量清单、措施项目清单所包含的内容以外，因招标人的特殊要求而发生的与拟建工程有关的其他费用项目和相应数量的清单。工程建设标准的高低、工程的复杂程度、工程的工期长短、工程的组成内容、发包人对工程管理的要求等都直接影响其他项目清单的具体内容。因此，其他项目清单应根据拟建工程的具体情况，参照《建设工程工程量清单计价规范》（GB50500－2013）提供的下列4项内容列项：

（1）暂列金额；

（2）暂估价：包括材料暂估单价、工程设备暂估价、专业工程暂估价；

（3）计日工；

（4）总承包服务费。

出现《建设工程工程量清单计价规范》（GB50500－2013）未列的项目，可根据工程实际情况补充。

六、规费项目清单的编制

规费是指按国家法律、法规规定，由省级政府和省级有关部门规定必须缴纳或计取的费用，应计入建筑安装工程造价的费用。规费项目清单应按照下列内容列项：

（1）社会保险费：包括养老保险费、失业保险费、医疗保险费、工伤保险费、生育保险费；

（2）住房公积金；

（3）工程部排污费。

出现《建设工程工程量清单计价规范》（GB50500－2013）未列的项目，应根据省级政府或省级有关部门的规定列项。

七、税金项目清单的编制

税金是指国家税法规定的应计入建筑安装工程造价内的营业税、城市维护建设税及教育费附加等。税金项目清单应包括下列内容：

（1）营业税；

（2）城市维护建设税；

（3）教育费附加；

（4）地方教育附加费。

出现《建设工程工程量清单计价规范》（GB50500－2013）未列的项目，应根据税务部门的规定列项。

第三节　工程量清单计价的程序

工程量清单计价是在已有工程量清单的基础上进行的，工程量清单计价应用过程如图5-4所示。

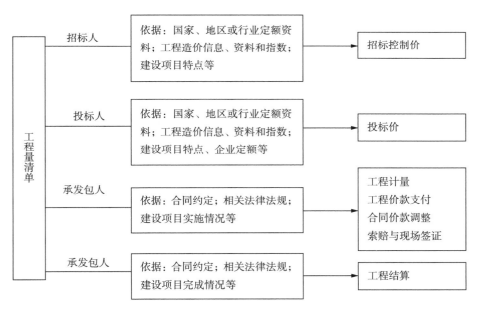

图 5－4

第四节　工程量清单计价的方法

一、工程造价的计算

工程量清单计价是按照工程造价的构成分别计算各类费用，再经过汇总而得。计算方法如下：

$$分部分项工程费 = \sum 分部分项工程量 \times 分部分项工程综合单价$$

$$措施项目费 = \sum 单价措施项目工程量 \times 单价措施项目综合单价 + \sum 总价措施项目费$$

$$单位工程造价 = 分部分项工程费 + 措施项目费 + 其他项目费 + 规费 + 税金$$

$$单项工程造价 = \sum 单位工程造价$$

$$建设项目总造价 = \sum 单项工程造价$$

二、分部分项工程费计算

根据公式：分部分项工程费 $= \sum$ 分部分项工程量 $\times$ 分部分项工程综合单价，利用综合单价法计算分部分项工程费需要解决两个核心问题，即确定各分部分项工程的工程量及其综合单价。

（1）分部分项工程量的确定

招标文件中的工程量清单标明的工程量是招标人编制招标控制价和投标人投标报价的共同基础，它是工程量清单编制人按施工图图示尺寸和工程量清单计算规则计算得到的工程净量。但该工程量不能作为承包人在履行合同义务中应予完成的实际和准确的工程量，发承包双方进行工程竣工结算时的工程量应按发承包双方在合同中约定应予计量且实际完成的工程量确定，当然该工程量的计算也应严格遵照工程量清单计算规则，以实体工程量为准。

（2）综合单价的编制

《建设工程工程量清单计价规范》中的工程量清单综合单价是指完成一个规定清单项目所需的人工费、材料和工程设备费、施工机具使用费和企业管理费、利润以及一定范围内的风险费用。该定义并不是真正意义上的全费用综合单价，而是一种狭义上的综合单价，规费和税金等不可竞争的费用并不全包括在项目单价中。

综合单价的计算通常采用定额组价的方法，即以计价定额为基础进行组合计算。由于"计价规范"与"定额"中的工程量计算规则、计量单位、工程内容不尽相同，综合单价的计算不是简单地将其所含的各项费用进行汇总，而是要通过具体计算后综合而成。综合单价的计算可以概括为以下步骤：

① 确定组合定额子目

清单项目一般以一个"综合实体"考虑，包括了较多的工程内容，计价时，可能出现一个清单项目对应多个定额子目的情况。因此计算综合单价的第一步就是将清单项目的工程内容与定额项目的工程内容进行比较，结合清单项目的特征描述，确定拟组价清单项目应该由哪几个定额子目来组合。

② 计算定额子目工程量

由于一个清单项目可能对应几个定额子目，而清单工程量计算的是主项工程量，与各定额子目的工程量可能并不一致；即便一个清单项目对应一个定额子目，也可能由于清单工程量计算规则与所采用的定额工程量计算规则之间的差异，而导致二者的计价单位和计算出来的工程量不一致。因此，清单工程量不能直接用于计价，在计价时必须考虑施工方案等各种影响因素，根据所采用的计价定额及相应的工程量计算规则重新计算各定额子目的施工工程量。定额子目工程量的具体计算方法，应严格按照与所采用的定额相对应的工程量计算规则计算。

③ 测定人、料、机消耗量

人、料、机的消耗量一般参照定额进行确定。在编制招标控制价时一般参照政府颁发的消耗量定额；编制投标报价时一般采用反映企业水平的企业定额，投标企业没有企业定额时可参照消耗量定额进行调整。

④ 确定人、料、机单价

人工单价、材料价格和施工机器台班单价，应根据工程项目的具体情况及市场资源的供求状况进行确定，采用市场价格作为参考，并考虑一定的调价系数。

⑤ 计算清单项目的人、料、机总费用

按确定的分项工程人工、材料和机械的消耗量及询价获得的人工单价、材料单价、施工机械台班单价，与相应的计价工程量相乘得到各定额子目的人、料、机总费用，将各定额子目的人、料、机总费用汇总后算出清单项目的人、料、机总费用。

$$人、料、机总费用 = \sum 计价工程量 \times (\sum 人工消耗量 \times 人工单价$$

$$+ \sum 材料消耗量 \times 材料单价$$

$$+ \sum 台班消耗量 \times 台班单价)$$

⑥ 计算清单项目的管理费和利润

企业管理费及利润常根据各地区规定的费率乘以规定的计价基础得出。通常情况下，计算公式如下：

$$管理费 = 人、料、机总费用 \times 管理费费率$$

$$利润 = (人、料、机总费用 + 管理费) \times 利润率$$

⑦ 计算清单项目的综合单价

将清单项目的人、料、机总费用、管理费及利润汇总得到该清单项目合价，将该清单项目合价除以清单项目的工程量即可得到该清单项目的综合单价。

$$综合单价 = (人、料、机总费用 + 管理费 + 利润) / 清单工程量$$

三、措施费计算

措施项目清单中所列的措施项目均以"项"列出，在计价时，首先应详细分析其所包含的全部工程内容，然后确定其综合单价。措施项目不同，费用确定的方法也不同，其综合单价组成内容可能有差异。综合单价的组成包括完成该措施项目的人工费、材料费、机械费、管理费、利润及一定的风险。

措施项目费用(综合单价)确定的方法有以下几种：

(1) 综合单价法

这种方法与分部分项工程综合单价的计算方法一样，就是根据需要消耗的实物工程量与实物单价计算措施费，适用于可以计算工程量的措施项目，如脚手架、模板、大型机械、垂直运输等。与分部分项工程不同，并不要求每个措施项目的综合单价必须包含人工费、材料费、机具费、管理费和利润中的每一项。计算可以参考公式：

$$措施项目费 = \sum(单价措施项目工程费 \times 单价措施项目综合单价)$$

（2）参数法计价

参数法计价是按一定的基数乘以系数的方法或自定义公式进行计算。这种方法主要适用于施工过程中必须发生但在投标时很难具体分析分项预测又无法单独列出项目内容的措施项目，如夜间施工费、二次搬运费等，按此办法计价。

（3）实物量法计价

这种方法是最基本，也是最能反映投标人个别成本的计价方法，是按投标人现在的水平，预测将要发生的每一项费用的合计数，并考虑一定的浮动因数及其他社会环境影响因数。

（4）分包法计价

在分包价格的基础上增加投标人的管理费及风险进行计价的方法，这种方法适合可以分包的独立项目，如大型机械进出场及安拆、室内空气污染测试等。

四、其他项目费计算

其他项目清单由招标人和投标人两部分内容组成，其他项目清单费用是指暂列金额、暂估价、计日工、总承包服务费等估算金额的总和。

暂列金额和暂估价由招标人按估算金额确定。招标人的工程量清单中提供的暂估价的材料、工程设备和专业工程，若属于已发必须招标的，由承包人和招标人共同通过招标确定材料、工程设备单价与专业工程分包价；若材料、工程设备不属于依法必须招标的，经发承包双方协商确定单价后计价；若专业工程不属于依法必须招标的，由发包人、总承包人与分包人按有关计价依据进行计价。

计日工和总承包服务费由承包人根据招标人提出的要求，按估算的费用确定。

五、规费与税金的计算

规费是指政府和有关部门规定必须缴纳的费用。建筑安装工程税金是指国家税法规定的应计入建筑安装工程造价内的营业税、城市维护建设税、教育费附加及地方教育费附加。如国家税法发生变化或地方政府及税务部门依据职权对税种进行了调整，应对税金项目清单进行相应调整。

规费和税金应按国家或省级、行业建设主管部门的规定计算，不得作为竞争性费用。每一项规费和税金的规定文件中，对其计算方法都有明确的说明，故可以按各项法规和规定的计算方式计取。具体计算时，一般按国家及有关部门规定的计算公式和费率标准进行计算。

六、风险费用的确定

风险是一种客观存在的、可能会带来损失的、不确定的状态，工程风险是指一项工程在设计、施工、设备调试以及移交运行等项目全寿命周期全过程可能发生的风险。这里的风险具体是指工程建设施工阶段承发包双方在招投标活动和合同履约及施工中所面临的设计工程计价方面的风险。建设工程发承包，必须在招标文件、合同中明确计价中的风险内容及其范围，不得采用无限风险、所有风险或类似语句规定计价中的风险内容和范围。

小　结

　　装饰工程以各种装饰材料为基础，构件种类繁多、价格差异大，建筑装饰设计、施工结合紧密，尤其是其中艺术品的设计、施工具有不可分割性；加上装饰工程施工工艺复杂、变化多样，国家、行业颁布执行的定额无法全面、及时、准确地满足工程需要。因此，装饰工程其工程量清单的编制往往较为复杂，难度较大。对于专业的预算从业人员来说，清单的编制是重要的基本技能，必须要掌握；对于从事室内设计、装饰工程管理等的相关人员来说，也要基本了解清单编制的基本方法及基本内容。

　　工程量清单计价是指投标人完成由招标人提供的工程量清单所需的全部费用，包括分部分项工程费、措施项目费、其他项目费、规费和税金。工程量清单计价方式，是在建设工程招投标中，招标人自行或委托具有资质的中介机构编制反映工程实体消耗和措施性消耗的工程量清单，并作为招标文件的一部分提供给投标人，由投标人依据工程量清单自主报价的计价方式。在工程招标中采用工程量清单计价是国际上较为通行的做法。

思考与练习

一、单项选择题

1. 分部分项工程量清单的项目名称应按附录的项目名称结合(　　)工程的实际确定。

A. 在建　　　　　　B. 拟建　　　　　　C. 建设　　　　　　D. 建筑

2. 分部分项工程量清单的项目编码由(　　)位阿拉伯数字组成。

A. 9　　　　　　　B. 10　　　　　　　C. 12　　　　　　　D. 14

3. 编制工程量清单时出现附录中未包括的项目，(　　)

A. 工程造价管理机构应作补充

B. 编制人应报住房和城乡建设部标准定额研究所

C. 编制人应作补充

D. 不必报省级或工程造价管理机构备案

4. 下列不是综合单价组成部分的是(　　)。

A. 人工费　　　　　　　　　　　B. 材料费、机械使用费

C. 风险费　　　　　　　　　　　D. 利润

5. 综合单价中的"人工费＝人工定额消耗量×人工单价"，其中人工单价是(　　)。

A. 定额取定价　　　B. 乙方自定价　　　C. 市场价　　　　　D. 暂估价

6. 天棚吊顶装饰分项综合单价组成内容是(　　)。

A. 灯槽　　　　　　　　　　　　B. 铝合金龙骨及天棚木芯基层

C. 筒灯　　　　　　　　　　　　D. 窗帘盒

二、多项选择题

1. 工程量清单包括(　　)。

A. 分部分项工程项目　　　　　　　　B. 措施项目

C. 其他项目　　　　　　　　　　　　D. 规费项目

E. 税金项目

2. 综合单价包括(　　)。

A. 人工费　　　　　B. 材料费　　　　C. 施工机械使用费

D. 企业管理费　　　E. 税金

3. 分部分项工程量清单应包括(　　)。

A. 项目编码　　　　B. 项目名称　　　　C. 项目特征

D. 计量单位　　　　E. 工程量

4. 石材台阶综合单价项目有(　　)。

A. 垫层　　　　　　B. 勾缝　　　　　　C. 防滑条　　　　　D. 材料运输

5. 综合单价的特性有(　　)。

A. 固定性　　　　　B. 可变性　　　　　C. 综合性　　　　　D. 依存性

6. 综合单价根据分项工程的项目特征、组成内容组价的有(　　)。

A. 展开面积　　　　　　　　　　　　B. 直接套用定额租价

C. 组合定额项目　　　　　　　　　　D. 重新计算

7. 综合单价中利润的计算公式是(　　)

A. 以直接费为计费基础，利润＝直接费×利润率

B. 利润＝$\sum$(人工费＋机械费＋管理费)×利润率

C. 以人工费为计费基础，利润＝($\sum$人工费)×利润率

D. 以人工费与机械费之和为计费基础，利润＝$\sum$(人工费＋机械费)×利润率

8. 综合单价组价的依据有(　　)。

A. 工程量清单　　　　　　　　　　　B. 企业定额

C. 人、料、机定额定价　　　　　　　D. 施工组织设计及施工方案

第六章　室内装饰工程概预算的编制

教学目标

本章涉及的新概念较少，主要学习对前面知识的综合运用的方法。本章主要阐述"设计概算"和"施工图预算"两个方面的内容。要求了解室内装饰工程概算和预算编制依据、条件，掌握编制的步骤和方法，并熟悉概预算报价的内容和组成。

教学要求

知识要点	能力要求	相关知识
设计概算的作用、编制依据	①了解设计概算的作用 ②熟悉设计概算的编制依据	
设计概算的编制方法	掌握设计概算的编制方法：概算定额法、概算指标法和类似工程预算法	概算定额法、概算指标法、类似工程预算法
概算书的组成	熟悉概算书的组成	
设计概算的作用、编制依据与条件	①熟悉预算编制的依据 ②了解预算编制的条件	
施工图预算的编制步骤与方法	①熟悉预算编制的步骤 ②掌握预算编制的方法	定额单价法、工程量清单单价法、实物造价法
预算书的组成	熟悉预算书的组成	

基本概念

设计概算、施工图预算、概算定额法、概算指标法、类似工程预算法、定额单价法、工程量清单单价法、实物造价法

引例

在前面的章节中，我们学习了费用的组成、定额的使用、工程量的计算，简单地说，学习了"价"和"量"，那么，接下来就可以进入概预算的编制了。概预算编制工作的展开，需要有一系列的前提工作来支撑，也需要遵循一定的工程程序和方法。

例：室内装饰工程设计概算的编制有哪些依据？

例：室内装饰工程多采用新材料、新工艺、新构件和新设备，有些项目现行装饰工程定额中没有包括，编制临时定额时间上又不允许时，通常采用（　　　）编制预算。

A. 单位估价法　　　　　B. 实物造价法　　　　　C. 套用单价法　　　　　D. 调差法

第一节　室内装饰工程设计概算的编制

室内装饰工程设计概算是设计文件的重要组成部分，是由设计单位根据初步设计（或技术设计）图纸及说明、概算定额（或概算指标）、各项费用定额或取费标准（指标）、设备、材料预算价格等资料或参照类似工程预决算文件，编制和确定的建设工程项目从筹建至竣工交付使用所需全部费用的文件。设计概算应按编制时项目所在地的价格水平编制，总投资应完整地反映编制时室内装饰工程项目的实际投资；设计概算应考虑项目施工条件等因素对投资的影响；还应按项目合理工期预测建设期价格水平，以及资产租赁和贷款的时间价值等动态因素对投资的影响。

一、室内装饰工程设计概算的作用

（1）设计概算是制定和控制建设投资的依据。对于使用政府资金的建设项目按照规定报请有关部门或单位批准初步设计及总概算，一经上级批准，总概算就是总造价的最高限额，不得任意突破，如有突破须报原审批部门批准。

（2）设计概算是编制工程进度计划的依据。工程项目施工计划、投资需要量的确定和建设物资供应计划等，都以主管部门批准的设计概算为依据。若实际投资超过了总概算，设计单位和建设单位共同提出追加投资的申请报告，经上级计划部门批准后，方能追加投资。

（3）设计概算是进行贷款的依据。银行根据批准的设计概算和项目进度计划，进行拨款和贷款，并严格实行监督控制。

（4）设计概算是签订工程总承包合同的依据。对于施工期限较长的大中型室内装饰工程项目，可以根据批准的建设计划、初步设计和总概算文件确定工程项目的总承包价，采用工程总承包的方式进行建设。

（5）设计概算是考核设计方案的经济合理性和控制施工图预算和施工图设计的依据。

（6）设计概算是考核和评价建设工程项目成本和投资效果的依据。可以将以概算造价为基础计算的项目技术经济指标与以实际发生造价为基础计算的指标进行对比，从而对建设工程项目成本及投资效果进行评价。

二、室内装饰工程设计概算的编制依据

设计概算编制依据主要包括以下方面：

（1）批准的可行性研究报告；

（2）设计工程量；

（3）项目涉及的概算指标或定额；

（4）国家、行业和地方政府有关法律法规或规定；

（5）资金筹措方式；

（6）常规的施工组织设计；

（7）项目涉及的设备材料供应及价格；

（8）项目的管理（含监理）、施工条件；

（9）项目所在地区有关的气候、水文、地质、地貌等自然条件；

（10）项目所在地区有关的经济、人文等社会条件；

（11）项目的技术复杂程度，以及新技术、专利使用情况；

（12）有关文件、合同、协议等。

三、室内装饰工程设计概算的编制方法

设计概算包括单位工程概算、单项工程综合概算和建设工程项目总概算三级。室内装饰工程属于单位工程，编制单位工程设计概算的方法主要有概算定额法、概算指标法和类似工程预算法。

1. 概算定额法

概算定额法又叫扩大单价法或扩大结构定额法。它与利用预算定额编制室内装饰工程施工图预算的方法基本相同。其不同之处在于编制概算所采用的依据是概算定额，所采用的工程量计算规则是概算工程量计算规则。该方法要求室内装饰工程初步设计达到一定深度时方可采用。

利用概算定额法编制设计概算的具体步骤如下：

（1）按照概算定额分部分项顺序，列出各分项工程的名称。工程量计算应按概算定额中规定的工程量计算规则进行，并将计算所得各分项工程量按概算定额编号顺序，填入工程概算表内。

（2）确定各分部分项工程项目的概算定额单价（基价）。工程量计算完毕后，逐项套用相应概算定额单价和人工、材料消耗指标，然后分别将其填入工程概算表和工料分析表中。如遇设计图中的分项工程项目名称、内容与采用的概算定额手册中相应的项目有某些不相符时，则按规定对定额进行换算后方可套用。

有些地区根据地区人工工资、物价水平和概算定额编制了与概算定额配合使用的扩大单位估价表，该表确定了概算定额中各扩大分部分项工程或扩大结构构件所需的全部人工费、材料费、机械台班使用费之和，即概算定额单价。在采用概算定额法编制概算时，可以将计算出的扩大分部分项工程的工程量，乘以扩大单位估价表中的概算定额单价进行直接工程费的计算。概算定额单价的计算公式为：

$$概算定额单价＝概算定额人工费＋概算定额材料费＋概算定额机械台班使用费$$

$$＝\sum（概算定额中人工消耗量×人工单价）＋\sum（概算定额中材料消耗量×材料预算单价）$$

$$＋\sum（概算定额中机械台班消耗量×机械台班单价）$$

（3）计算单位工程直接工程费和直接费。将已算出的各分部分项工程项目的工程量分别乘以概算定额单价、单位人工、材料消耗指标，即可得出各分项工程的直接工程费和人工、材料消耗量。再汇总各分项工程的直接工程费及人工、材料消耗量，即可得到该单位工程的直接工程费和工料总消耗量。最后，再汇总措施费即可得到该单位工程的直接费。如果规定有地区的人工、材料价差调

整指标，计算直接工程费时，按规定的调整系数或其他调整方法进行调整计算。

（4）根据直接费，结合其他各项取费标准，分别计算间接费、利润和税金。

（5）计算室内装饰工程概算造价，其计算公式为

室内装饰工程概算造价＝直接费＋间接费十利润十税金

2. 概算指标法

当初步设计深度不够，不能准确地计算工程量，但工程设计采用的技术比较成熟而又有类似工程概算指标可以利用时，可以采用概算指标法编制工程概算。概算指标法将拟建厂房、住宅的建筑面积或体积乘以技术条件相同或基本相同的概算指标而得出直接工程费。然后按规定计算出措施费、间接费、利润和税金等。概算指标法计算精度较低，但由于其编制速度快，因此对一般附属、辅助和服务工程等项目，以及住宅和文化福利工程项目或投资比较小、比较简单的工程项目投资概算有一定的实用价值，

（1）直接套用概算指标编制概算

在使用概算指标法时，如果拟建工程的特征与概算指标相同或相近，就可直接套用概算指标编制概算。根据选用的概算指标的内容，可选用两种套算方法。

一种方法是以指标中所规定的工程每平方米或立方米的直接工程费单价，乘以拟建单位工程建筑面积或体积，得出单位工程的直接工程费，再计算其他费用，即可求出单位工程的概算造价。直接工程费计算公式为：

直接工程费＝概算指标每平方米（立方米）直接工程费单价×拟建工程建筑面积（体积）

这种简化方法的计算结果参照的是概算指标编制时期的价格标准，未考虑拟建工程建设时期与概算指标编制时期的价差，所以在计算直接工程费后还应用物价指数另行调整。

另一种方法是以概算指标中规定的每 $100m^2$ 建筑物面积（或 $1000m^3$ 体积）所耗人工工日数、主要材料数量为依据，首先计算拟建工程人工、主要材料消耗量，再计算直接工程费，并取费。在概算指标中，一般规定了 $100m^2$ 建筑物面积（或 $1000m^3$ 体积）所耗工日数、主要材料数量，通过套用拟建地区当时的人工工资单价和主材预算价格，便可得到每 $100m^2$（或 $1000m^3$）建筑物的人工费和主材费而无须再作价差调整。计算公式为：

$100m^2$ 建筑物面积的人工费＝指标规定的工日数×本地区人工日单价

$100m^2$ 建筑物面积的主要材料费＝∑（指标规定的主要材料数量×地区材料预算单价）

$100m^2$ 建筑物面积的其他材料费＝主要材料费×其他材料费占主要材料费的百分比

$100m^2$ 建筑物面积的机械使用费＝（人工费＋主要材料费＋其他材料费）×机械使用费所占百分比

每 $1m^2$ 建筑面积的直接工程费＝（人工费＋主要材料费＋其他材料费＋机械使用费）÷100

根据直接工程费，结合其他各项取费方法，分别计算措施费、间接费、利润和税金，得到每 $1m^2$ 建筑面积的概算单价，乘以拟建单位工程的建筑面积，即可得到单位工程概算造价。

（2）概算指标调整后套用

由于拟建工程往往与类似工程的概算指标的技术条件不尽相同，而且概算编制年份的设备、材料、人工等价格与拟建工程当时当地的价格也会不同，在实际工作中，还经常会遇到拟建对象的结构特征与概算指标中规定的结构特征有局部不同的情况，因此必须对概算指标进行调整后方可套用。调整方法如下所述。

① 调整概算指标中的每 $1m^2$（$1m^3$）造价

当设计对象的结构特征与概算指标有局部差异时需要进行这种调整。这种调整方法是将原概算指标中的单位造价进行调整（仍使用直接工程费指标）。扣除每 $1m^2$（$1m^3$）原概算指标中与拟建工程结构不同部分的造价，增加每 $1m^2$（$1m^3$）拟建工程与概算指标结构不同部分的造价，使其成为与拟建工程结构相同的工程单位直接工程费造价。计算公式为：

$$结构变化修正概算指标（元/m^2）＝J＋Q_1P_1－Q_2P_2$$

式中 J——原概算指标；

Q$_1$——概算指标中换入结构的工程量；

Q$_2$——概算指标中换出结构的工程量；

P$_1$——换入结构的直接工程费单价；

P$_2$——换出结构的直接工程费单价。

则拟建单位工程的直接工程费为：

$$直接工程费＝修正后的概算指标×拟建工程建筑面积（或体积）$$

求出直接工程费后，再按照规定的取费方法计算其他费用，最终得到单位工程概算价值。

② 调整概算指标中的工、料、机数量

这种方法是将原概算指标中每 $100m^2$（$1000m^3$）建筑面积（体积）中的工、料、机数量进行调整，扣除原概算指标中与拟建工程结构不同部分的工、料、机消耗量，增加拟建工程与概算指标结构不同部分的工、料、机消耗量，使其成为与拟建工程结构相同的每 $100m^2$（$1000m^3$）建筑面积（体积）工、料、机数量。计算公式为：

$$结构变化修正概算指标的工、料、机数量＝原概算指标的工、料、机数量＋换入$$

结构件工程量×相应定额工、料、机消耗量－换出结构件工程量×相应定额工、料、机消耗量

以上两种方法，前者是直接修正概算指标单价，后者是修正概算指标的工、料、机数量。修正之后，方可按上述第一种情况分别套用。

3. 类似工程预算法

类似工程预算法是利用技术条件与设计对象相类似的已完工程或在建工程的工程造价资料来编制拟建工程设计概算的方法。该方法适用于拟建工程初步设计与已完工程或在建工程的设计相类似且没有可用的概算指标的情况，但必须对装饰工程结构差异和价差进行调整。

四、室内装饰工程设计概算书的组成

装饰工程设计概算书通常采用表格的形式，主要由以下几部分组成：

1. **封面**

装饰工程概算书

建设单位名称：＿＿＿＿＿＿＿＿＿＿＿＿＿＿＿＿＿＿

工 程 名 称 ：＿＿＿＿＿＿＿＿＿＿＿＿＿＿＿＿＿＿

结 构 类 型 ：＿＿＿＿＿＿＿＿＿＿＿＿＿＿＿＿＿＿

建 筑 面 积 ：＿＿＿＿＿＿＿＿＿＿＿＿＿＿＿＿＿＿

概 算 总 价 值 ：＿＿＿＿＿＿＿＿＿＿＿＿＿＿＿＿＿＿

编制人：＿＿＿＿＿＿＿＿ 审核人：＿＿＿＿＿＿＿＿

编制单位： 建设单位：

（盖章） （盖章）

负责人： 负责人

2. **装饰工程概算编制说明**

编 制 说 明

（1）工程概况。

（2）编制依据。

（3）其他有关问题的说明。

3. **概算造价汇总表**

概算造价汇总表

建设单位名称：

工程项目名称：

序号	费用名称	计费基数	费率	预算价值		备注
				合计	其中人工费	
1	一、直接工程费 直接费 其他直接费 现场经费 直接工程费小计					

（续表）

序号	费用名称	计费基数	费率	预算价值		备注
				合计	其中人工费	
2	二、间接费 施工管理费 劳动保险费 财务费用 间接费小计					
3	三、利润					
4	四、其他费用					
5	五、税金					
6	六、不可预见预留金					
7	七、材料风险系数					
	概算总价					

4. 室内装饰工程概算表

室内装饰工程概算表

建设单位名称：

工程项目名称：　　　　　　　　　　　　概算价值：

建筑面积：　　　　　　　　　　　　　　技术经济指标：　　　　　　元/m²

序号	定额编号	费用名称	工程量		概算价值（元）		备注
			单位	数量	单位	合价	

审核：　　　　　　核对：　　　　　　编制：　　　　　　　年　月　日

5. 主要装修材料表

主要装修材料表

建设单位名称：

工程项目名称：

建筑面积：

序号	工程项目名称	瓷砖（m²）	木芯板（张）	乳胶漆（桶）	……

第二节　室内装饰工程施工图预算的编制

一、室内装饰工程施工图预算的作用

（1）确定工程造价的依据。施工图预算可作为建设单位招标的标底，也可以作为建筑施工企业投标时报价的参考。

（2）实行建筑工程预算包干的依据和签订施工合同的主要内容。通过建设单位与施工单位协商，征得建设银行认可，可在施工图预算的基础上，考虑设计或施工变更后可能发生的费用增加一定系数作为工程造价一次包死。同样，施工单位与建设单位签订施工合同，也必须以施工图预算为依据。否则，施工合同就失去约束力。

（3）建设银行办理拨款结算的依据。根据现行规定，经建设银行审查认定后的工程预算，是监督建设单位和施工企业根据工程进度办理拨款和结算的依据。

（4）施工企业安排调配施工力量、组织材料供应的依据。施工单位各职能部门可依此编制劳动力计划和材料供应计划，做好施工前的准备。

（5）建筑安装企业实行经济核算和进行成本管理的依据。正确编制施工图预算和确定工程造价，有利于巩固与加强建筑安装企业的经济核算，有利于发挥价值规律的作用。

（6）是进行两算对比的依据。

二、室内装饰工程施工图预算的编制依据与条件

1. 室内装饰工程施工图预算的编制依据

进行室内装饰工程施工图预算的编制时，必须有相关资料、图纸和数据作为依据，进行参考和分析，其中最为常见的是施工图纸、施工组织设计或施工方案、材料预算价格、施工管理及其他费用定额及有关文件、工程合同或协议，以及当地的工程量清单综合单价文件。

编制室内装饰工程施工图预算的依据如下：

① 经过审批的施工图和说明书

经过会审的施工图以及附的文字说明、有关的通用图集和标准图集及施工图纸会审记录，是编制室内装饰工程施工图预算的重要依据。这些资料表明了室内装饰工程的主要工作对象和主要工作内容，结构、构造、零配件等尺寸，材料的品种、规格和数量。

② 批准的工程项目设计总概算文件

设计总概算在规定各拟建项目投资最高限额的基础上对各单位工程规定了相应的投资额。装饰工程在某些设计总概算中已成为一个独立的单位工程，其投资额受到明确的限制，因此编制室内装饰工程施工图预算时必须以此为依据。

③ 施工组织设计资料

室内装饰工程施工组织设计具体地规定了室内装饰工程中各分部分项工程的施工方法、施工机具、构配件加工方式、技术组织措施和现场平面布置图等内容，是计算工程量、选套预算定额或单

位估价表和计算其他费用的重要依据。

④ 预算定额和预算定额手册

现行室内装饰工程施工图预算定额是编制装饰工程预算的基本依据。编制预算时，从分部分项工程项目的划分到工程量的计算，都必须以此作为标准进行。预算定额手册是准确、迅速地计算工程量、进行工料分析、编制室内装饰工程施工图预算的主要基础资料。

⑤ 材料预算价格

由于材料费用在室内装饰工程造价中所占比例较大，同时在不同的地区各自的预算造价的不同，因此必须以相应地区的材料预算价格作为编制室内装饰工程施工图预算的依据。

⑥ 地方取费标准和调价文件

编制预算应将当地取费标准和调价文件作为造价依据。利润、施工组织措施费、差价和税金等费用的取费率标准，是计算工程量、计算有关费用、最后确定工程造价的依据。

⑦ 施工合同

经双方签订的合同有关承包的合同条款、承包范围、结算方式、包干系数的确定等，还包括材料数量、质量和价格的调整以及协商记录、会议纪要等资料和图表等。这些都是编制室内装饰工程施工图预算的主要依据。

2. 室内装饰工程施工图预算的编制条件

（1）施工图经过审批、交底和会审后，必须由建设单位、设计单位和施工单位共同认可。

（2）施工单位编制的室内装饰工程施工组织设计或施工方案，必须经其主管部门批准。

（3）建设单位和施工单位在材料、构件、配件和半成品等加工、订货和采购方面，都必须明确分工或按合同执行。

（4）参加编制预算的人员，必须具有由有关部门进行资格训练、考核合格后签发的相应证书。

三、室内装饰工程施工图预算的编制步骤与方法

1. 室内装饰工程施工图预算的编制步骤

编制室内装饰工程施工图预算，在满足编制条件的前提下，一般可按照下列步骤进行：

① 搜集资料

主要包括交底会审后的施工图纸、批准的设计总概算书、施工组织设计和有关的技术措施、现行预算定额、工人工资标准、材料预算价格、机械台班价格、各项费用的取费率标准以及有关的预算工作手册、标准图集，还有工程施工合同和现场情况等资料。

② 熟悉定额及其有关条件

熟悉并掌握预算定额的使用范围、具体内容、定额特点、各类系数应用法则、工程量计算规则和计算方法应取费用项目、费用标准和运算公式。

③ 熟悉审核施工图纸和施工图预算

熟悉审核施工图纸、识图是编制预算的基本工作。施工图纸是编制预算的重要依据。预算人员在编制预算之前，应充分、全面地熟悉、审核施工图纸和施工图预算，了解设计意图，掌握工程全貌，以求能够准确、迅速地编制装饰工程施工图。只有对设计图纸进行全面详细的了解，结合预算定额项目划分的原则，正确而全面地分析该工程中各分部分项工程以后，才能准确无误地对工程项

目进行划分，以保证工程量的计算和正确地计算出工程造价。

④ 熟悉和注意施工组织设计有关内容

施工组织设计是由施工单位根据工程特点现场情况等各种条件编制的，用来确定施工方案、施工总体控制、人工动态计划进度、机械进出场计划、材料供应计划等。编制装饰工程预算前，应熟悉并注意施工组织设计中影响工程预算造价的有关内容，严格按照施工组织设计所确定的施工方法和技术组织措施等要求，准确计算工程量，套取相应的定额项目，使施工图预算能够反映客观实际。

⑤ 熟悉预算定额或单位估价表

预算定额或单位估价表是编制装饰工程施工图预算基础资料的主要依据。因此，在编制预算之前，熟悉和了解装饰工程预算定额或单位估价表的内容、形式和使用方法，是结合施工图纸，迅速准确地确定工程项目、计算工程量的根本保证。

⑥ 确定工程量计算项目

在熟悉图纸的基础上，根据预算定额或单位估价表，列出全部所需编制的预算工程项目，并将施工图设计有而定额中没有的项目单独列出来，以便编制补充定额或采用实物造价法进行计算。

⑦ 计算工程量

工程量计算是预算的主要数据，准确与否直接影响到预算的准确性，同时工程量计算的精确度，不仅直接影响到工程造价，而且影响到与之相关联的一系列数据，如计划统计、材料设备、人工、财务等。因此。对于工程量的计算必须严格依据室内装饰工程施工图纸和定额中的工程量计算规则进行，并按照一定的顺序，避免丢项、漏项等情况的发生。

⑧ 套用预算定额或单位估价表

根据所列计算项目和汇总整理后的工程量，就可以进行套用预算定额或单位估价表的工作，汇总后求得直接费。

⑨ 计算各项费用

定额直接费求出后，按有关的费用定额即可进行利润、施工组织措施费、差价及税金等的计算。

⑩ 比较分析

各项费用计算结束，即形成了装饰工程造价。此时，还必须与设计总概算中装饰工程概算进行比较，如果前者大于后者，就必须查找原因，纠正错误，保证预算造价在装饰工程概算投资额内。确实因工程需要的改变而突破总投资所规定的百分比，必须向有关部门重新申报。

⑪工料分析

进行工料分析计算出该单位工程所需要的各种材料用量和人工工日总数，并填入材料汇总表中。这一步骤通常与套定额单价同时进行，以避免二次翻阅定额。如果需要，还要进行材料价差调整。

⑫编制说明、填写封面、装订成册

2. 室内装饰工程施工图预算的编制方法

室内装饰工程施工图预算都是由施工单位负责编制的，主要使用的方法如下：

（1）定额单价法

定额单价法是用事先编制好的分项工程的单位估价表来编制施工图预算的方法。根据施工图设计文件和预算定额，按分部分项工程顺序先计算出分项工程量，然后乘以对应的定额单价，求出分项工程人、料、机费用；将分项工程人、料、机费用汇总为单位工程人、料、机费用；汇总后加企业管理费、利润、规费和税金生成单位工程的施工图预算。

定额单价法编制施工图预算的基本步骤如下。

① 准备资料，熟悉施工图纸

准备施工图纸、施工组织设计、施工方案、现行建筑安装定额、取费标准、统一工程量计算规则和地区材料预算价格等各种资料。在此基础上详细了解施工图纸，全面分析工程各分部分项工程，充分了解施工组织设计和施工方案，注意影响费用的关键因素。

② 计算工程量

工程量计算一般按如下步骤进行：

a. 根据工程内容和定额项目，列出需计算工程量的分部分项工程；

b. 根据一定的计算顺序和计算规则，列出分部分项工程量的计算式；

c. 根据施工图纸上的设计尺寸及有关数据，带入计算式进行数值计算；

d. 对计算结果的计量单位进行调整，使之与定额中相应的分部分项工程的计量单位保持一致。

③ 套入定额单价，计算人、料、机费用

核对工程量计算结果后，利用地区统一单位估价表中的分项工程定额单价，计算出各分项工程合价，汇总求出单位工程直接工程费。

单位工程人、料、机费用计算公式如下：

单位工程人、料、机费用＝∑（分项工程量×定额单价）

计算人、料、机费用时需注意以下几项内容：

a. 分项工程的名称、规格、计量单位与定额单价或单位估价表中所列内容完全一致时，可以直接套用定额单价；

b. 分项工程的主要材料品种与定额单价或单位估价表中的规定材料不一致时，不可以直接套用定额单价，需要按实际使用材料价格换算定额单价；

c. 分项工程施工工艺条件与定额单价或单位估价表不一致而造成人工、机械的数量增减时，一般调量不换价；

d. 分项工程不能直接套用定额、不能换算和调整时，应编制补充单位估价表。

④ 编制工料分析表

根据各分部分项工程项目实物工程量和预算定额项目中所列的用工及材料数量，计算各分部分项工程所需人工及材料数量，汇总后算出该单位工程所需各类人工、材料的数量。

⑤ 按计价程序计取其他费用，并汇总造价

根据规定的税率、费率和相应的计取基础，分别计算企业管理费、利润、规费、税金。将上述费用累计后与人、料、机费用进行汇总，求出单位工程预算造价。

⑥ 复核

对项目填列、工程量计算公式、计算结果、套用的单价、采用的取费费率、数字计算、数据精确度等进行全面复核，以便及时发现差错、及时修改，提高预算的准确性。

⑦ 编制说明、填写封面

编制说明主要应写明预算所包括的工程内容范围、依据的图纸编号、承包方式、有关部门现行

的调价文件号、套用单价需要补充说明的问题及其他需说明的问题等。封面应写明工程编号、工程名称、预算总造价和单方造价、编制单位名称、负责人和编制日期以及审核单位的名称、负责人和审核日期等。

（2）工程量清单单价法

工程量清单单价法是根据国家统一的工程量计算规则计算工程量，采用综合单价的形式计算工程造价的方法。

综合单价是指分部分项工程单价综合了人、料、机费用及其以外的多项费用内容。按照单价综合内容的不同，综合单价可分为全费用综合单价和部分费用综合单价。

① 全费用综合单价

全费用综合单价即单价中综合了人、料、机费用，企业管理费、规费，利润和税金等，以各分项工程量乘以综合单价的合价汇总后，就生成工程承发包价。

② 部分费用综合单价

我国目前实行的工程量清单计价采用的综合单价是部分费用综合单价，分部分项工程单价中综合了直接工程费、管理费、利润，以及一定范围内的风险费用，单价中未包括措施费、其他项目费、规费和税金，是不完全费用综合单价。以各分项工程量乘以部分费用综合单价的合价汇总，再加上项目措施费、其他项目费、规费和税金后，生成工程承发包价。

（3）实物造价法

室内装饰工程多采用新材料、新工艺、新构件和新设备，有些项目现行装饰工程定额中没有包括，编制临时定额时间上又不允许时，通常采用实物造价法编制预算。

实物造价法是根据实际施工中所用的人工、材料和机械等数量，按照现行的劳动定额、地区工人日工资标准、材料预算价格和机械台班价格等计算人工费、材料费、机械费等费用，汇总后在此基础上计算其他直接费用，然后按照相应的费用定额计算利润、施工组织措施费、差价和税金，最后汇总形成工程预算造价的方法。

四、室内装饰工程施工图预算书的组成

施工图预算书的设计应能反映各种基本的经济指标，要求简单明了，计算方便，易于审核。为了适应施工图预算的编制需要，满足施工图预算的要求，按照必要的计算程序、经济指标内容等制定下列预算书格式。

（1）预算封面

封面内容一般包括工程名称和建筑面积、工程造价和单位造价、建设单位和施工单位、审核者和编制者、审核时间和编制时间等基本信息。

（2）编制说明

编制说明用于给审核者和竣工结（决）算提供补充依据，其内容包括：编制依据、工程范围、装饰材料及成品与半成品的供应方式、设计变更的处理、特殊项目工程量计算及其相应预算价格的执行说明、未定事项及其他说明等。

（3）工程量表

按单位分部工程将计算好的分项工程工程量汇总，以便套用定额。

（4）工程预算表

（5）工程量预算总价表

根据装饰工程造价计算顺序表，计算构成装饰工程造价的各项费用和总造价。

上述资料是构成装饰工程施工图预算必不可少的组成内容。而材料价差的调整、工程量的计算资料、工料机的分析和汇总、设备和材料的价格等，可根据工程具体情况及要求，来决定是否纳入工程预算书内。总之，有关装饰工程预算书的封面和工程预算总造价表的形式各地区不尽相同，应该据各地区造价管理部门规定的形式或格式进行填写和编制。以下表格可供参考。

1. 预算封面

室内装饰工程施工图预算书

装饰单位（或用户）：_____

装 饰 工 程 名 称 ：_____

工　程　造　价　：_____

单 位 面 积 造 价 ：_____

审　核　单　位　：_____

审　　　　　核　：_____

编　制　单　位　：_____

编　　　　　制　：_____

编制日期：　年　月　日

2. 编制说明

施工图预算编制说明

（1）编制依据

（2）工程范围

（3）装饰材料及成品与半成品的供应方式

（4）设计变更的处理

（5）特殊项目工程量计算及其相应预算价格的执行说明

（6）未定事项及其他说明

……

3. 工程量计算表

主要是用以计算分项工程量，是工程量的原始计算表，一般可不进行复制，而由编制人保存或

单位存档，留作审查核对之用。

工程量计算表

序号	定额号	分部分项工程名称及部位	型号及规格	单位	工程量	计算式

4. 工程量汇总表

工程量计算表计算出的工程量，按单位估价表的项目名称、规格及型号、计量单位，以单位工程的分部工程将工程量汇总，以便于套用预算定额。

工程量汇总表

装饰单位：

工程名称：

序号	定额号	项目名称及部位	型号及规格	单位	数量	备注

5. 室内装饰工程预（决）算表

也称施工图预算明细表，一般应写明单位工程和分部分项工程名称，以及单位估价表所需各个子项的详细内容。

室内装饰工程预（决）算表

装饰单位：

工程名称：

设计编号： 工程编号： 第 页

序号	定额编号	项目名称	单位	数量	定额直接费（元）		管理费（元）		利润（元）	
					单价	合价	单价	合价	单价	合价
页计										

6. 人工费调差表

室内装饰工程人工费调差表

装饰单位：

工程名称：

设计编号： 工程编号： 第 页

序号	定额编号	项目名称	单位	数量	其中人工费（元）		按实调差费（元）	
					单价	合价	单价	合价

序号	定额编号	项目名称	单位	数量	其中人工费（元）		按实调差费（元）	
					单价	合价	单价	合价
页计								

7. 材料费调差表

室内装饰工程材料费调差表

装饰单位：

工程名称：

设计编号：　　　　　　工程编号：　　　　　　　　　　　　　第　　页

序号	定额编号	项目名称	单位	数量	其中材料费（元）		按实调差费（元）	
					单价	合价	单价	合价
页计								

8. 机械费调差表

室内装饰工程机械费调差表

装饰单位：

工程名称：

设计编号：　　　　　　工程编号：　　　　　　　　　　　　　第　　页

序号	定额编号	项目名称	单位	数量	其中机械费（元）		按实调差费（元）	
					单价	合价	单价	合价

（续表）

序号	定额编号	项目名称	单位	数量	其中机械费（元）		按实调差费（元）	
					单价	合价	单价	合价
页计								

9. 装饰施工图预算综合取费表

工程造价费用组成表

序号	费用项目	计算公式	费率%	金额（元）	备注
1	定额直接费：① 定额人工费	综合单价分析			
2	② 定额材料费	综合单价分析			
3	③ 定额机械费	综合单价分析			
4	定额直接费小计	[1]＋[2]＋[3]			
5	综合工日	定额人工费／人工费单价			
6	措施费：① 技术措施费	综合单价分析			
7	② 安全文明措施费	[5]×34×费率	8.88		不可竞争费
8	③ 二次搬运费	[5]×费率			按规定执行
9	④ 夜间施工措施费	[5]×费率			按规定执行
10	⑤ 冬雨施工措施费	[5]×费率			按规定执行
11	⑥ 其他				按实际发生额计算
12	措施费小计	$\sum$[6]～[11]			
13	调整：① 人工费差价				按合同约定
14	② 材料费差价				按合同约定
15	③ 机械费差价				按合同约定
16	④ 其他				按实际发生额计算

序号	费用项目	计算公式	费率%	金额（元）	备注
17	调整小计	$\sum$[13]～[16]			
18	直接费小计	[4]＋[12]＋[17]			
19	间接费：① 企业管理费	综合单价分析			综合单价内
20	② 规费：a. 工程排污费				按实际发生额计算
21	b. 工程定额测定费	[5]×0.27			已取消
22	c. 社会保障费	[5]×7.48			不可竞争费
23	d. 住房公积金	[5]×1.70			不可竞争费
24	e. 意外伤害保险	[5]×0.60			不可竞争费
25	间接费小计	$\sum$[19]～[24]			
26	工程成本	[18]＋[25]			
27	利润	综合单价分析			
28	其他费用：① 总承包服务费	业主分包专业造价×费率			按实际发生额计算
29	② 优质优价奖励费按合同约定				
30	③ 检测费按实际发生额计算				
31	④ 其他				
32	其他费用小计	$\sum$[28]～[31]			
33	税前造价合计	[26]＋[27]＋[32]			
34	税金	[33]×税率	3.477		
35	工程造价合计	[33]＋[34]			

10. 主要材料汇总表

主要材料汇总表

共　页　第　页

序号	材料名称	型号及规格	单价	数量	单位	金额

（续表）

序号	材料名称	型号及规格	单价	数量	单位	金额
页计						

小　结

　　室内装饰工程设计概算是设计文件的重要组成部分，是编制基本建设计划，实行基本建设投资大包干，控制基本建设拨款和贷款的依据，也是考核设计方案和建设成本是否经济合理的依据。设计概算的编制方法有概算定额法、概算指标法和类似工程预算法。

　　室内装饰工程施工图预算是室内装饰工程的重要文件，是室内装饰企业进行成本核算的依据，是设计企业进行估算的重要依据，也是室内设计、室内装饰技术人员、管理人员所必须掌握的技术性和技巧性的课程。从室内装饰工程的不同阶段看，室内装饰工程施工图预算分为投资估算、设计概算、施工图预算。人工、材料、机械消耗量的分析是室内装饰工程施工图预算的重要组成部分，即确定完成拟建室内装饰工程项目所需消耗的各种劳动力，各种规格、型号的材料和主要施工机械的台班数量。在编制预算书时，应查阅相关规范进行编制。

思考与练习

一、单项选择题

1. 下列不属于室内装饰工程项目设计概算编制依据的是（　　）。

　　A. 设计文件　　　　B. 综合概算表　　　　C. 概算指标　　　　　　D. 设备材料的预算价格

2. 当初步设计深度不够，不能准确计算工程量，但工程设计采用的技术比较成熟而又有类似工程概算指标可以利用时，编制工程概算可以采用（　　）。

　　A. 单位工程指标法　　　　　　　　B. 概算指标法

　　C. 概算定额法　　　　　　　　　　D. 类似工程该算法

3. 编制施工图预算时，以资源市场价格为依据确定分部分项工程工料单价，并按照市场行情计算措施费、间接费等其他税费，这种方法是（　　）。

　　A. 预算单价法　　　B. 实物法　　　　C. 部分费用综合单价法　　D. 全费用综合单价法

二、多项选择题

1. 室内装饰工程设计概算的编制方法有（　　）。

A. 概算定额法　　　　　　　　B. 工料分析发　　　　　　　C. 概算指标法

D. 类似工程预算法　　　　　　E. 实物造价法

2. 室内装饰工程设计概算编制的依据有（　　　）。

A. 批准的可行性研究报告　　　B. 设计工程量　　　　　　C. 经过审批的施工图

D. 项目涉及的概算指标或定额　E. 国家、行业和地方政府有关法律法规或规定

3. 室内装饰工程施工图预算的计价方法有（　　　）。

A. 概算指标法　　　　　　　　B. 定额单价法　　　　　　C. 工程量清单单价法

D. 实物造价法　　　　　　　　E. 类似指标法

4. 施工图预算有多方面的作用，包括（　　　）。

A. 确定工程造价的依据

B. 建设银行办理拨款结算的依据

C. 施工企业安排调配施工力量，组织材料供应的依据

D. 是进行两算对比的依据

E. 设计概算是编制工程进度计划的依据

第七章　装饰工程招投标报价

教学目标

本章介绍室内装饰工程招投标的相关概念和工作程序；介绍招标控制价和投标报价的编制；并以实例来分析招投标中工程量清单和计价，使学生了解室内装饰工程招投标的基本概念、流程，重点掌握编制室内装饰工程投标报价的方法。

教学要求

知识要点	能力要求	相关知识
室内装饰工程招投标	① 了解招投标基本概念 ② 掌握工程评标程序和方法	招标投标法、招标、投标、公开招标、邀请招标、资格预审、招标文件、回标、中标
室内装饰工程招标控制价	① 了解招标控制价的概念、计价依据 ② 熟悉招标控制价的编制内容和注意事项 ③ 掌握控制价的编制程序和方法	招标控制价
室内装饰工程投标报价	① 了解投标报价的概念 ② 熟悉投标报价的编制原则、依据和技巧 ③ 掌握投标报价的编制和审核的方法	投标报价

基本概念

招标、投标、公开招标、邀请招标、回标、评标、中标、招标控制价、投标报价、总价、综合单价

引例

某办公楼工程全部由政府投资兴建，该项目为该市建设规划的重点项目之一，且已列入地方年

度固定投资计划，项目土建部分已完成，装饰装修概算已经主管部门批准，施工图纸及有关技术资料齐全。现决定对该项目装饰装修工程进行施工招标。在招投标过程中，发生了如下事件：

（1）因估计除本市施工企业参加投标外，还可能有外省市施工企业参加投标，故招标人委托咨询单位编制了两个招标控制价，准备分别用于对本市和外省市施工企业投标价的评定。

（2）招标人于2016年3月5日向具备承担该项目能力的A、B、C、D、E五家承包商发出投标邀请书，其中说明，3月10～11日9～16时在招标人总工程师室领取招标文件，4月5日14时为投标截止时间。该五家承包商均接受邀请，并领取了招标文件。3月18日，招标人对投标单位就招标文件提出的所有问题统一做了书面答复，随后组织各投标单位进行了现场踏勘。

（3）4月5日这五家承包商均按规定的时间提交了投标文件。但承包商A在送出投标文件后发现报价估算有较严重的失误，遂赶在投标截止时间前10分钟递交了一份书面声明，撤回已提交的投标文件。

（4）开标时，由招标人委托的市公证处人员检查投标文件的密封情况，确认无误后，由工作人员当众拆封。由于承包商A已撤回投标文件，故招标人宣布有B、C、D、E五家承包商投标，并宣读该四家承包商的投标价格、工期和其他主要内容。按照投标文件中确定的综合评标标准，4个投标人综合得分从高到低的依次顺序为B、C、D、E，故评标委员会确定B为中标人。

问题：

（1）招标有哪几种方式，本案例中采用的招标方式是否合理？

（2）招标人编制两个招标控制价的做法是否合理？

（3）投标单位制作的投标书应包含哪些内容？

第一节　室内装饰工程招投标概述

一、室内装饰工程招投标概述

1. 招标和投标的概念

工程招投标是指以工程项目作为商品进行交换的一种交易形式。招标就是招标人（建设单位或业主）做好一切招标准备工作后，对外发表招标公告或直接邀请几家施工单位来投标，形成企业之间的相互竞争，从而择优选择承包方（施工单位）。招标的准备工作包括将拟建工程委托设计单位或顾问公司设计、编制概预算或估算。其中编制概预算或估算，行业中俗称编制标底。标底是工程招投标中的机密，是个不公开的数字，切不可泄露。投标是指具有投标资格的承包方，在规定的时间内按照招标文件的要求，向招标单位填报投标书，争取中标的法律行为。

投标与招标是相对应的概念，室内装饰工程投标，是指室内装饰施工企业应招标人特定或不特定的邀请，按照招标文件规定的要求，提出满足这些要求的报价及各种与报价相关的条件，并在规定的时间和地点主动向招标人递交投标文件。投标是响应招标、参与竞争的一种法律行为，投标人必须承担因反悔违约可能产生的经济、法律责任。为了规范招标、投标的行为，体现保护竞争的宗旨，我国还颁布了《招标投标法》针对招、投标的程序及文件做出了具体的规定。

2. 招标的方式

招标方式分为公开招标、邀请招标两种。

公开招标：公开招标属于无限制性竞争招标，招标人通过发布招标启示，邀请所有符合规定条件的投标人自愿参加投标。由于公开招标是面向全社会的，因此参与投标的企业众多，竞争充分，且不容易串标、围标，有助于企业之间公平竞争，打破垄断。同时，公开招标有利于促使企业加强管理，提高工程质量，缩短工期，降低成本。公开招标方式充分体现了市场机制公开信息、规范程序、公平竞争、客观评价、公正选择以及优胜劣汰的本质要求。

邀请招标：邀请招标属于有限竞争性招标，也称选择性招标。招标人根据自己的了解和他人介绍的承包方，以投标邀请书的方式直接邀请特定的 3～7 个潜在投标人参加投标，并按照法律程序和招标文件规定的评标标准和方法确定中标人的一种竞争交易方式。这种招标方式一般用于招标单位对被邀请的施工单位比较了解的情况下，进行小范围招标，有利于节约投标单位的人力、物力，所以它是一种有限竞争的投标。

3. 招标的条件

（1）招标单位应具备的条件

按照建设部《工程建设施工招标投标管理办法》规定，招标人组织招标，必须符合下列条件，才具有招标资格。

① 是法人、依法成立的其他组织；

② 有与招标工程相适应的经济、技术、管理人员；

③ 有组织编制招标文件的能力；

④ 有审查投标单位资质的能力；

⑤ 有组织开标、评标、定标的能力。

不具备上述②至⑤项条件的，招标单位须委托可具有相应资质的咨询、监理等单位代理招标。

（2）招标工程应具备的条件

按照《工程建设项目施工招标投标办法》第 8 条规定，招标的工程建设项目应当具备下列条件才能进行施工招标：

① 招标人已经依法成立；

② 项目已经报有关部门备案；

③ 初步设计及概算应当履行审批手续的，已经批准；

④ 招标范围、招标方式和招标组织形式等应当履行核准手续的，已经核准；

⑤ 有相应资金或资金来源已经落实；

⑥ 有招标所需的设计图纸及技术资料。

二、装饰工程招标投标的程序

1. 装饰工程招投标流程图

如图 7-1 所示。

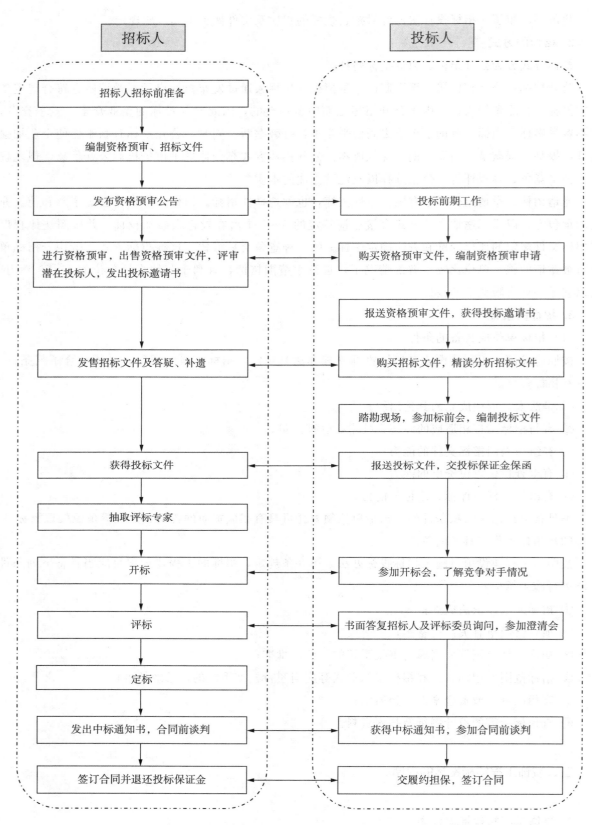

图 7-1 装饰工程招标工作程序

2. 装饰工程招标程序

（1）编制项目招标计划，准备招标文件

编制项目招标计划的关键在于两个方面：一是要有详细的项目发展进度计划，才能知道什么时间之前应确定各专业工程施工单位，更进一步说，才能知道什么时间之前应开始招标和定标；二是确定项目如何切块招标的问题，也就是说，把一个项目分成多个部分来分头招标，不同的划分方式就构成招标工作计划的不同内容。具备上述两个条件，就能编制出符合实际需要的项目招标计划。

（2）刊登招标公告及拟投标单位资格审查

公开招标的项目必须通过公开招标公告的方式予以通知，以使所有合格的潜在投标单位都有同等的机会了解投标要求，形成尽可能广泛的竞争格局。

对于邀请招标的项目，首先是要收集潜在投标单位资料。在此基础上，审查这些单位的资料，以确定是否符合拟装修项目的要求。一般来说，对拟投标单位的资格审查主要包括：企业营业执照证书等资料是否齐全、有效；企业施工资质等级是否符合拟装修项目的要求；企业的以往工程经历如何，是否做过同类型项目等。资格审查是对拟投标单位初步的审查，在拟投标单位比较多的情况下，通过初步审查，可能淘汰一批资质等级不符合拟装修项目要求，或企业营业执照等证书不全，或企业以往类似工程经验不足等不符合或相对条件较差的单位。

（3）拟投标单位考察

组织相关部门或专业人员成立考察小组，对通过资格审查的单位进行考察，是一般招标人都会采取的一种做法。其意义在于可进一步深入了解拟投标单位的现状；如企业当前的规模、人员结构、在装修项目情况、任务是否饱满、资金状况如何、机械设备如何等，便于从中挑选出相对较合适的投标单位，考察小组考察完毕后要写考察报告。

（4）确定投标单位、发出投标邀请函

招标单位一般会根据考察报告及其他获得的信息情况，召开一次会议，以确定由其中的哪几家单位来参加拟装饰装修项目的投标。

投标单位确定以后，会发出投标邀请函。一般来说，投标邀请函的内容包括：① 招投标项目的名称；② 领取招标文件的时间、地点；③ 领取招标文件时须携带的文件资料等；④ 有关投标押金的规定；⑤ 回标的时间、地点等内容。

（5）发售或投标单位领取招标文件

在招标文件收费的情况下，招标文件的价格应定得合理，一般只收成本费，以免投标单位因价格过高而失去购买招标文件的兴趣。比较通行的做法是投标单位在领取招标文件时支付押金，押金的数量可能比较高，这样做的理由是保持招投标活动的严肃性，确保每一个投标单位都能认真对待项目的招标，以免出现回标数量少的局面。押金在后期退回。

（6）投标单位做标、招标单位答疑等

招标单位发出招标文件后，在投标单位回标前一般有两个方面的事物待处理：第一是组织投标单位查看现场；第二是解释、澄清招标文件中的疑难问题，补充招标文件的有关内容。任何投标单位若有任何问题都可在此阶段提出来，但招标人对某个投标单位提出的问题的解答必须同时抄送给每一位投标人。

（7）回标、开标、评标和定标

投标单位按投标邀请函或投标须知中的要求准时回标。招标单位收到回标文件后一般有两种开标形式，即公开开标和非公开开标。一般来说，需要通过当地政府招投标办或建筑工程交易中心组织招标的装饰工程项目，必须是公开开标的；外商独资或私有企业的项目可由招标人自行组织招标，此时招标单位一般采取非公开开标的方式，避免投标单位串通议价等。由于各省市对必须通过政府招投标管理部门监督的招标项目的规定有所差异，所以只需从招投标法对公开招投标项目的范围规定去理解即可。

一般从商务标和技术标两个方面对投标单位的回标文件进行评审，分别写出技术标评标意见和商务标意见，并按一定的评标原则，形成综合评标意见，提交招标委员会批准，完成定标过程。

3. 装饰工程投标程序

投标是招标的相对词，是投标单位对招标人招标活动的响应。同样，投标程序与招标程序也是相对的，有关的工作也是围绕招标文件而展开。

（1）准备资格预审资料

资格预审是招标之前，招标人对投标人在财务状况、技术能力、相关工作经验、企业信誉等方面的一次全面审查。承包单位要在资格预审资料中充分展示自身企业的优势和特点以及与拟投标项目相关的技术和经验。一般来说，编制资格预审资料应注意以下问题：

① 获得信息后，针对工程的性质、规模、承包方式及范围等进行一次决策，以决定是否有能力承担。

② 针对工程的性质特点，充分反映自身的真实实力。其中最主要的是财务实力、人员资格、以往类似工程经验、施工设备等内容。

③ 资格预审的所有内容应有证明文件。以往的经验及成就中所列出的全部项目，都要有确切的证明以确定其真实性，财务方面则由相关机构提供证明。

④ 施工设备要有详细的性能说明。有些企业只列出施工机械的名称、规格、型号、数量，这是不够的。招标人在审核完潜在投标人提供的资格预审资料后，往往还不足以决定该潜在投标人是否可转化为真正的投标人。一般还会有对在施工项目或已装修工程的考察过程。此时，应尽可能推荐与拟投标项目类似的工程供招标人参观。在可能的情况下，还可请当时的业主或监理单位适当介绍当时施工过程中的一些亮点以增进招标人的评价。

（2）审阅招标文件

认真研究招标文件，弄清施工承包人的责任及工程项目的报价范围，明确招标文件中的各种要求，以使投标报价适当。由于招标文件的内容很多，涉及各方面的专业知识。因此对招标文件的审阅研究要做适当的分工。一般来说，商务标人员研究投标须知、工程说明、图纸、工程量计算规则、工程量清单、合同条件等内容；技术标人员研究工程说明、工程规范、图纸、现场条件等内容。

①《投标须知》分析

一般来说，投标须知中应有对投标报价的详细说明，是投标报价最重要的内容之一。不同的项目或不同的招标人有可能使用同样的工程规范、技术要求、合同条件等，但是其招标须知可能是不同的。因为，不同项目其项目具备的招标条件可能存在差异，所以一定意义上来说，投标须知是针对某个项目的招标而编制的。投标须知一般会阐明以下内容：

a. 发出的招标文件的组成内容、数量。

b. 回标时应提供的文件资料的内容、数量。

c. 对投标人的资质等级方面的要求。

d. 对承包方式的说明，主要阐明本项工程的计价模式。包括工程量的计算方法、工程数量是不变量还是暂定量，未列项目是否按实计量，以及采用什么工程量计算规则；价格如何确定，是按定额计价还是综合单价计价等。

e. 报价时应注意的问题。投标文件发现失误如计价或汇总错误发生时的处理方法。

f. 招标人希望或要求投标人注意的其他问题。

②《工程说明》分析

工程说明是对该招标文件规定的招标项目、招标内容和范围等的详细规定。一般来说，工程说明包括以下内容：

a. 招标项目的名称、地点、规模。

b. 招标项目的现场情况。

c. 本项招标工程的范围界定、投标报价内容。

d. 招标项目所使用的工程技术规范。

③ 合同内容分析

a. 合同的种类。装饰工程项目的招标可以采用总价合同、单价合同、成本加酬金合同及"交钥匙"合同等中的一种或几种。有的招标项目可能对不同部分内容采用不同的计价方式，所以两种甚至两种以上合同方式并用的情况是比较常见的。在总价合同中，承包人承担工程数量方面的风险，故应对工程数量进行复核；在单价合同中，承包人承担固定的单价风险，故应对材料、设备及人工的市场行情及其变化趋势做出合理的综合分析。

b. 工程进度款支付方式。应充分注意到合同条件中关于工程付款的有无；工程进度款的支付时间、比例；保留金的扣留比例、保留金总额及退还时间与条件等。根据这些规定及预计的项目施工进度计划，绘出本工程现金流量图，计算出占用资金的数额和实践，从而考虑需要支付的利息等。若合同条件中关于付款的规定比较含糊或明显不合理，应要求业主在标签答疑会上澄清或解释，并最好做出修改。

c. 施工工期。合同条件中关于合同工期、工程竣工日期、部分工程分期交付工期等规定，是投标人制作工程施工进度计划的依据，也是投标人报价的重要依据。同时应特别注意工期非承包人原因延误时的有关顺延或赔偿方法。

d. 工程量清单及其复核。仔细研究工程量的计算规则，研究工程量清单的编制方法和体系。同时，工程量清单中的各分部分项工程数量可能并不十分准确，若设计图纸的深度不够可能有较大的误差；不仅影响所填报的综合单价，也会影响所选择的施工方法、安排人员和机械设备、准备材料的数量。

e. 工程变更及相应的合同价格调整。工程变更是不可避免的，承包人有责任和义务按发包人的要求完成变更工程的施工，同时也有权获得合理的补偿。工程变更包括工程数量的增减变化和工程内容或性质的变化。

（3）察看现场

察看工程现场是投标人必须重视的投标程序。招标人在招标文件中一般都明确规定投标人进行现场考察的时间和地点。明确规定投标人所作出的报价是在审核招标文件并考察工程现场的基础上编制出来的。一旦报价提出并过了回标时间期限，投标人就无权因为现场查看步骤、情况了解不细或其他因素考虑不全面提出修改报价或要求补偿等。察看现场主要应注意以下内容：

① 建筑物内部空间结构是否影响施工、图纸规定的尺寸与实际尺寸有无误差等。

② 施工现场周围道路、进出现场的条件。

③ 材料堆放场地安排的可能性，是否需要二次运输。

④ 施工用临时水电的接口位置。

⑤ 现场施工对周围环境可能产生的影响。

以上问题都会影响开班项目费用的报价。

（4）编制回标文件

回标文件是在分析研究招标文件的基础上，对招标文件所提出各类问题的全面答复。要回答这些问题，还要做大量其他方面的工作。分别概述如下。

① 生产要素询价。

a. 劳务询价：由于人工单价的市场变化，估价时要将操作工人划分为高级技工、熟练工、半熟练工和普通工等，分别确定其人工单价。

b. 材料询价：材料价格在工程造价中占有很大的比例，约占工程总造价的45％～55％，材料价格是否合理对于工程估价的影响很大。因此，对材料进行询价是工程询价中最重要的工作。

c. 施工用机械设备询价：虽然在室内装修工程中，采用的机械设备不像土建工程施工用的大型设备，而多采用中小型设备，但同样存在磨损、保养、维修等费用，必要时还需购置新设备。机械设备的价格对工程估价也会产生一定的影响。

② 分包询价

除由业主指定的分包工程项目外，投标人特别是总承包人应在确定施工方案的初期就要定出需要分包的专业工程范围。决定分包的范围主要考虑工程的专业性及项目的规模。大多数承包人把自己不熟悉的专业化程度较高或利润低的、风险性大的分部分项工程分包出去。决定了分包工作内容后，投标人准备函件以将图纸及工程说明与要求等资料送交预定的几个分包人，请他们在规定的时间内报价，以便进行比较选择。分包询价单相当于一份招标文件，其内容应包括原招标文件中有关分包工程的全部内容，及投标人额外要求分包人承担的责任和义务。

收到分包商提供的报价单之后，投标人要对其进行分包询价资料分析。主要从以下方面进行。

a. 分析分包商标函的完整性：审核分包标函是否包括分包询价单要求的全部工作内容，是否用含糊其词的语言描述工程内容，避免今后工作中产生纠纷。

b. 核实分项工程单价的完整性：应准确核实分项工程单价的内容，如材料价格是否包括运杂费、分项单价是否包括人工费、管理费等。

c. 分析分包报价的合理性：分包工程报价的高低，对投标人的标价影响很大。因此，投标人要对分包商的标函进行全面分析，不能仅把报价的高低作为唯一的标准。除要保护自己的利益外，还应考虑分包人的利益。分包商有利可图，更利于协助投标人完成工程内容。

③ 价格信息的获得

a. 互联网：许多工程造价网站提供当地或本部门、本行业的价格信息，不少材料供应商也利用互联网介绍其产品性能和价格。网络价格具有信息量大、更新、更快、成本低的特点，适用于产品性能和价格的初步比较，主要材料的价格应该进一步核实。

b. 政府部门：各地政府部门都有自己的工程造价管理机构，定期发布各类材料预算价格、材料价格指数及材料价差调整系数等信息，可作为编制投标报价的主要依据。

c. 厂商及代理商：主要设备及主要材料应向其代理人询价，以求获得更准确合理的价格信息。

投标人在研究招标文件、察看现场条件及询价的基础上，编制出符合招标文件要求的回标文件（包括商务标部分和技术标部分）。

④ 投标计算

投标报价最主要的工作就是综合单价的确定，直接关系到整个报价的合理性，综合单价的确定方法有以下几种：

利用现有的企业报价定额确定综合单价：投标人在经过多次投标报价后，积累了大量的经验资料，根据不同的施工方案结合自身特点，扬长避短，建立起企业自身具有优势的报价定额，结合价格信息，确定综合单价。

综合单价分析法来确定综合单价：这种方法是在没有现场单价可以直接使用或参考时，可以对综合单价进行具体的分析，依据投标文件、合同条款、工程量清单中清单项目的描述，以及《建设工程工程量清单计价规范》（GB50500－2013）的工作内容做详细的单价分析。

a. 计算出清单项目包括工程内容的工程量，就是附属项目的工程量，有时也叫二次工程量，这些工程量的计算规则，可参考有关定额的计算规则。

b. 参考可以直接套用相应的消耗量定额，直接输入企业选用的人工、材料、机械费用、管理费、利润的价格或费率即可。

c. 要考虑风险因素和社会经济状况对价格的影响，如果社会经济状况良好，经济运行平稳，可以少考虑风险因素。

⑤ 标书的编制

投标单位对投标项目作出报价决策后，即开始编制标书，也就是投标须知规定投标人必须提交的全部文件。投标报价书就是投标人正式签署的报价信，习惯上称为标函，中标后，投标报价书及其附件就成为合同文件的重要组成部分。但是，当投标价与中标价发生变化，或中标价包括的工程内容与投标价存在差异时，也有将中标通知书取代投标报价书的情况，此时，工程量清单也可能重新调整（如发包人与承包方商定中标价在投标价基础上下调一定百分比时，合同清单中的单价一般是调整到位的）。

（5）确认中标通知书

招标人在确定中标单位后，因合同文件的准备有一个过程，因此往往会先签发一份中标通知书给中标单位。在该中标通知书中，招标人一般会明确以下内容：

① 本工程的中标范围。

② 本工程的中标价格或合同总价。

③ 合同文件的组成部分（包括招标文件的全部内容、招标过程中双方的一切往来函件等）、解

释顺序等内容。

中标单位在审阅中标通知书的内容无误后，作出书面确认，即宣告本项目的招标工作结束，发包人与承包人的关系确立无误。因此，对中标通知书的书面确认，实质上就是发包人与承包人之间正式签订合同之前签订了一份简约的协议。按照合同法的规定，发包方与承包方签订的中标通知书具有法律效应。

第二节　室内装饰工程招标控制价和投标报价的编制

一、招标控制价的编制

1. 招标控制价的概念

招标控制价是招标人根据国家以及当地有关规定的计价依据和计价办法、招标文件、市场行情，并按工程项目设计施工图纸等具体条件调整编制的，对招标工程项目限定最高工程造价，也可称其为拦标价、预算控制价或最高报价等。

对于招标控制价及其规定，应注意从以下方面理解：

① 国有资金投资的建设工程招标，招标人必须编制招标控制价。根据《中华人民共和国招标投标法》的规定，国有资金投资的工程项目进行招标，招标人可以设标底。当招标人不设标底时，为有利于客观、合理地评审投标报价和避免哄抬标价，造成国有资产流失，招标人必须编制招标控制价，作为投标人的最高投标限价及招标人能够接受的最高交易价格。

② 招标控制价超过批准的概算时，招标人应将其报原概算审批部门审核。因为我国对国有资金投资项目实行的是投资概算审批制度，国有资金投资的工程项目原则上不能超过批准的投资概算。

③ 投标人的投标报价高于招标控制价的，其投标应予以拒绝。国有资金投资的工程项目，招标人编制并公布的招标控制价相当于招标人的采购预算，同时要求其不能超过批准的概算，因此，招标控制价是招标人在工程招标时能接受投标人报价的最高限价，投标人的投标报价不能高于招标控制价，否则，其投标将被拒绝。

④ 招标控制价应由具有编制能力的招标人或受其委托具有相应资质的工程造价咨询人编制和复核。工程造价咨询人不得同时接受招标人和投标人对同一工程的招标控制价和投标报价的编制。

⑤ 招标控制价应在招标文件中公布，不应上调或下浮，招标人应将招标控制价及有关资料报送工程所在地工程造价管理机构备查。招标控制价的作用决定了招标控制价不同于标底，无须保密。为体现招标的公平、公正，防止招标人有意抬高或压低工程造价，招标人应在招标文件中如实公布招标控制价各组成部分的详细内容，不得对所编制的招标控制价进行上调或下浮。

2. 招标控制价的计价依据

招标控制价的计价依据有：

①《建设工程工程量清单计价规范》（GB 50500－2013）；

② 国家或省级、行业建设主管部门颁发的计价定额和计价办法；

③ 建设工程设计文件及相关资料；

④ 拟定的招标文件及招标工程量清单；

⑤ 与建设项目相关的技术标准、规范、技术资料；

⑥ 施工现场情况、工程特点及常规施工方案；

⑦ 工程造价管理机构发布的工程造价信息，当工程造价信息没有发布时，参照市场价；

⑧ 其他的相关资料。

3. 招标控制价的编制内容

采用工程量清单计价时，招标控制价的编制内容包括：分部分项工程费、措施项目费、其他项目费、规费和税金。

（1）分部分项工程费的编制

分部分项工程费采用综合单价的方法编制。采用的分部分项工程量应是招标文件中工程量清单提供的工程量，综合单价应根据招标文件中的分部分项工程量清单的特征描述及有关要求、行业建设主管部门颁发的计价定额和计价办法等编制依据进行编制。

为使招标控制价与投标报价所包含的内容一致，综合单价中应包括招标文件中招标人要求投标人承担的风险内容及其范围（幅度）产生的风险费用，可以风险费率的形式进行计算，招标文件提供了暂估单价的材料，应按暂估单价计入综合单价。

（2）措施项目费的编制

措施项目费应依据招标文件中提供的措施项目清单和拟建工程项目施工组织设计进行确定。可以计算工程量的措施项目，应按分部分项工程量清单的方式采用综合单价计价；其余的措施项目可以以"项"为单位的方式计价，应包括除规费、税金外的全部费用。措施项目费中的安全文明施工费应当按照国家或地方行业建设主管部门的规定标准计价。

（3）其他项目费

① 暂列金额

应按招标工程量清单中列出的金额填写。

② 暂估价

暂估价中的材料、工程设备单价、控制价应按招标工程量清单列出的单价计入综合单价；暂估价专业工程金额应按招标工程量清单中列出的金额填写。

③ 计日工

编制招标控制价时，对计日工中的人工单价和施工机械台班单价应按省级、行业建设主管部门或其授权的工程造价管理机构公布的单价计算；材料应按工程造价管理机构发布的工程造价信息中的材料单价计算，工程造价信息未发布材料单价的材料，其价格应按市场调查确定的单价计算。

④ 总承包服务费

编制招标控制价时，总承包服务费应按照省级或行业建设主管部门的规定，并根据招标文件列出的内容和要求估算。在计算时可参考以下标准：

① 招标人仅要求总包人对其发包的专业工程进行施工现场协调和统一管理、对竣工材料进行统一汇总整理等服务时，总承包服务费按发包的专业工程估算造价的1.5%左右计算；

② 招标人要求总包人对其发包的专业工程既进行总承包管理和协调，又要求提供相应配合服务时，总承包服务费应根据招标文件列出的配合服务内容，按发包人的专业工程估算造价的3%～5%

计算；

③ 招标人自行供应材料、设备的，按招标人供应材料、设备价值的1%计算。

（4）规费和税金

规费和税金必须按国家或省级、行业建设主管部门规定的标准计算，不得作为竞争性费用。

4. 招标控制价应注意的问题

招标控制价编制时，应该注意以下问题：

① 《建设工程工程量清单计价规范》（GB 50500－2013）将原规范中"国有资金投资的工程建设项目应实行工程量清单招标，并应编制招投标控制价⋯⋯"上升为强制性条文，即：国有资金投资的工程建设招投标，必须编制招标控制价。

② 招标控制价编制的表格格式等应执行《建设工程工程量清单计价规范》（GB 50500－2013）的有关规定。

③ 一般情况下，编制招标控制价，采用的材料价格应是工程造价管理机构通过工程造价信息发布的材料单价，工程造价信息未发布材料单价的材料，其材料价格应通过市场调查确定。另外，未采用工程造价管理机构发布的工程造价信息时，需在招标文件或答疑补充文件中对招标控制价采用的与造价信息不一致的市场价格予以说明，采用的市场价格则应通过调查、分析确定，有可靠的信息来源。

④ 施工机械设备的选型直接关系到基价综合单价水平，应根据工程项目特点和施工条件，本着经济实用、先进高效的原则而确定。

⑤ 应该正确、全面地使用行业和地方的计价定额以及相关文件。

⑥ 不可竞争的措施项目和规费、税金等费用的计算均属于强制性条款，编制招标控制价时应该按国家有关规定计算。

⑦ 不同工程项目、不同施工单位会有不同的施工组织方法，所发生的措施费也会有所不同。因此，对于竞争性的措施费用的编制，应该首先编制施工组织设计或施工方案，然后依据经过专家论证后的施工方案，合理地确定措施项目与费用。

5. 招标控制价的编制程序

编制招标控制价时应当遵循如下程序：

① 了解编制要求与范围；

② 熟悉工程图纸及有关设计文件；

③ 熟悉与建设工程项目有关的标准、规范、技术资料；

④ 熟悉拟定的招标文件及其补充通知、答疑纪要等；

⑤ 了解施工现场情况、工程特点；

⑥ 熟悉工程量清单；

⑦ 掌握工程量清单设计计价要素的信息价格和市场价格，依据招标文件确定其价格；

⑧ 进行分部分项工程量清单计价；

⑨ 论证并拟定常规的施工组织设计或施工方案；

⑩ 进行措施项目工程量清单计价；

⑪ 进行其他项目、规费项目、税金项目清单计价；

⑫ 工程造价汇总、分析、审核；

⑬ 成果文件签认、盖章；

⑭ 提交成果文件。

二、投标报价的编制

投标报价是施工企业根据招标文件和有关的工程造价资料计算和确定承包该工程的投标总价格。编制依据包含：招标文件；招标人提供的设计图纸及有关的技术说明书等；工程所在地现行的定额及与之配套执行的各种造价信息、规定等；招标人书面答复的有关资料；企业定额、类似工程的成本核算资料；其他与报价有关的各项政策、规定及调整系数等。在标价的计算过程中，对于不可预见费用的计算必须慎重考虑，不要遗漏，根据承包方式做到"细算粗报"。

投标报价的形成应准确、合理编制工程量清单，认真分析材料价差。

投标单位在竞争投标时，实力参差不齐，为了中标投标单位只有较强的实力还不够，仍需要投标报价技巧，使实力较强的投标单位取得满意的投标成果。

1. 投标报价的概念

《建设工程工程量清单计价规范》（GB 50500－2013）规定，投标价是投标人参与工程项目投标时报出的工程造价。即投标价是指在工程招标发包过程中，由投标人或受其委托具有相应资质的工程造价咨询人按照招标文件的要求以及有关计价规定，依据发包人提供的工程量清单、施工设计图纸，结合工程项目特点、施工现场情况及企业自身的施工技术、装备和管理水平等，自主确定的工程造价。

投标价是投标人希望达成工程承包交易的期望价格，但不能高于招标人设定的招标控制价。投标报价的编制是指投标人对拟承建工程项目所要发生的各种费用的计算过程。作为投标计算的必要条件，应预先确定施工方案和施工进度，此外，投标计算还必须与采用的合同形式相一致。

2. 投标报价的编制原则

报价是投标的关键性工作，报价是否合理直接关系到投标工作的成败。工程量清单计价下编制投标报价的原则如下：

① 投标报价由投标人自主确定，但必须执行《建设工程工程量清单计价规范》（GB 50500－2013）的强制性规定。投标价由投标人或受其委托具有相应资质的工程造价咨询人编制。

② 中标人的投标报价不得低于工程成本。《中华人民共和国招标投标法》中规定："中标人的投标应当符合下列条件……（二）能够满足招标文件的实质性要求，并且经评审的投标价格最低；但是投标价格低于成本的除外。"《评标委员会和评标办法暂行规定》中规定："在评标过程中，评标委员会发现投标人的报价明显低于其他投标报价或者在设有标底时明显低于标底的，使得其投标报价可能低于其个别成本的，应当要求该投标人做出书面说明并提供相关证明材料。投标人不能合理说明或不能提供相关证明材料的，由评标委员会认定该投标人以低于成本报价竞标，其投标应作为废标处理。"上述法律法规的规定，特别要求投标人的投标报价不得低于工程成本。

③ 投标人必须按招标工程量清单填报价格。实行工程量清单招标，招标人在招标文件中提供工程量清单，其目的是使各投标人在投标报价中具有共同的竞争平台。因此，为避免出现差错，要求投标人必须按招标人提供的招标工程量清单填报投标价格，填写的项目编码、项目名称、项目特征、计量单位、工程量必须与招标工程量清单一致。

④ 投标报价要以招标文件中设定的承发包双方责任划分，作为设定投标报价费用项目和费用计算的基础。承发包双方的责任划分不同，会导致合同风险分摊不同，从而导致投标人报价不同；不同的工程承发包模式会直接影响工程项目投标报价的费用内容和计算深度。

⑤ 应该以施工方案、技术措施等作为投标报价计算的基本条件。企业定额反映企业技术和管理水平，是计算人工、材料和机械台班消耗量的基本依据；更要充分利用现场考察、调研成果、市场价格信息和行情资料等编制基础标价。

⑥ 报价计算方法要科学严谨，简明实用。

3. 投标报价的编制依据

投标报价编制的依据有：

① 《建设工程工程量清单计价规范》（GB50500－2013）；

② 国家或省级、行业建设主管部门颁发的计价颁发；

③ 企业定额，国家或省级、行业建设主管部门颁发的计价定额和计价办法；

④ 招标文件、招标工程量清单及其补充通知、答疑纪要；

⑤ 建设工程设计文件及相关资料；

⑥ 施工现场情况、工程特点及投标时拟定的施工组织设计或施工方案；

⑦ 与建设项目相关的标准、规范等技术资料；

⑧ 市场价格信息或工程造价管理机构发布的工程造价信息；

⑨ 其他相关资料。

4. 投标报价的技巧

（1）不平衡报价法

不平衡报价法是在工程项目的投标总价基本确定后，在不抬高总价以免影响中标的前提下，根据招标文件的付款条件，合理地调整投标文件中子项目的报价，赢得更多的利润。

（2）多方案报价法

多方案报价是在标书中报多个标价，对一些招标文件，如果发现工程范围不很明确，条款不清楚或很不公正，或技术规范要求过于苛刻时，要在充分估计投标风险的基础上，按多方案报价法处理。其中一个按原招标文件的条件报价；另一些则对招标文件进行合理的修改，在修改的基础上报出价格（比招标文件报价低），以降低总价吸引采购方。

（3）增加建议方案

有时招标文件中规定，可以提出建议方案，即可以修改原设计方案，提出投标者的建议方案，以更合理的方案吸引采购方，达到中标的目的。这种新的建议方案要可以降低总造价或提前竣工或使工程运用更合理。但要注意的是，对原招标方案一定要标价，以供采购方比较。增加建议方案时，不要将方案写得太具体，保留方案的技术关键，防止采购方将此方案交给其他承包商。同时要强调的是，建议方案一定要比较成熟，或过去有这方面的实践经验。因为投标时间不长，如果仅为中标而匆忙提出一些没有把握的建议方案，可能会引起很多的后患。

（4）突然降价法

报价是一件保密性很强的工作，但是对手往往通过各种渠道、手段来刺探情况。因此，在报价时可以采取迷惑对方的手法。即按一般情况报价或表现出自己对该项目兴趣不大，到快投标截止时，再突然降价。采用这种方法时，一定要在准备投标报价的过程中考虑好降价的幅度，在临近投标截止日期，根据情报信息与分析判断，再做最后决策。如果由于采用突然降价法而中标，因为开标只降总价，在签订合同后可采用不平衡报价的方法调整项目内部各项单价或价格，以期取得更好的效益。

（5）先亏后盈法

一些投标方为了打开某地区的市场或者取得较高市场占有率，依靠某国家、某财团和自身的雄厚资本实力，采取一种不惜代价，只求中标的低价报价方案。实施这种报价方法的投标方必须有较好的资信条件，并且提出的实施方案也要先进可行，同时，要加强对公司情况的宣传，否则即使标价低，采购方也不一定选中。如果遇到其他承包商也采取这种方法，则不一定与这类承包商硬拼，而努力争取第二、第三标，再依靠自己的经验和信誉争取中标。

5. 投标报价的编制与审核

在编制投标报价之前，需要先对清单工程量进行复核，因为工程量清单中的各分部分项工程量并不十分准确，若设计深度不够则可能有较大的误差，而工程量的多少是选择施工方法、安排人力和机械、准备材料必须考虑的因素，自然也影响分项工程的单价，因此一定要对工程量进行复核。

投标报价的编制过程，应首先根据招标人提供的工程量清单编制分部分项工程量清单计价表、措施项目清单计价表、其他项目清单计价表、规费和税金项目清单计价表，计算完毕后汇总而得到的单位工程投标报价汇总表，再层层汇总，分别得出单项工程投标报价汇总表和工程项目投标总价汇总表。工程项目投标报价的编制过程，如图 7 - 2 所示。

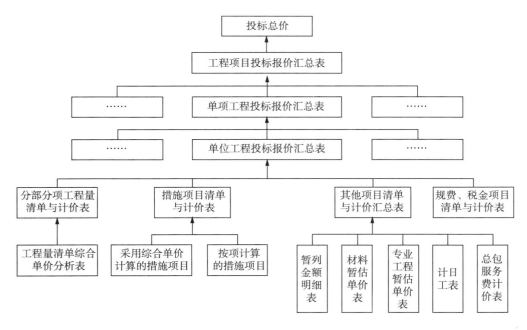

图 7 - 2

（1）综合单价

综合单价中应包括招标文件中划分的应由投标人承担的风险范围及其费用，招标文件中没有明确的，应提请招标人明确。

（2）单价项目

分部分项工程和措施项目中的单价项目中最主要的是确定综合单价，应根据拟定的招标文件和招投标工程清单项目中的特征描述及有关要求确定综合单价计算，包括：

① 工程量清单项目特征描述。确定分部分项工程和措施项目中的单价项目综合单价的最重要依据之一是该清单项目的特征描述，投标人投标报价时应依据招标工程量清单项目的特征描述确定清单项目的综合单价。在招投标过程中，若出现工程量清单特征描述与设计图纸不符，投标人应以招标工程量清单的项目特征描述为准，确定投标报价的综合单价；若施工中施工图纸或设计变更或招标工程量清单项目特征描述不一致，发承包双方应按实际施工的项目特征依据合同约定重新确定综合单价。

② 企业定额。企业定额是施工企业根据本企业具有的管理水平、拥有的施工技术和施工机械装备水平而编制的，完成一个规定计量单位的工程项目所需的人工、材料、施工机械台班的消耗标准，是施工企业内部进行施工管理的标准，也是施工企业投标报价确定综合单价的依据之一。投标企业没有企业定额时可根据企业自身情况参照消耗量定额进行调整。

③ 资源可获取价格。综合单价中的人工费、材料费、机械费是企业定额的人、材、机消耗量乘以人、材、机的实际价格得出的，因此投标人拟投入的人、材、机等资源的可获取价格直接影响单价的高低。

④ 企业管理费费率、利润率。企业管理费费率可由投标人根据本企业今年的企业管理费核算数据自行测定，当然也可以参照当地造价管理部门发布的平均参考值。

利润率可由投标人根据本企业的当前盈利情况、施工水平、拟投标工程的竞争情况以及企业当前的经营策略自主确定。

⑤ 风险费用。招标文件中要求投标人承担的风险费用，投标人应在综合单价中给予考虑，通常以风险费率的形式进行计算。风险费率的测算应根据招标人要求结合投标企业当前风险控制水平进行定量测算。在施工过程中，当出现的风险内容及其范围（幅度）在招标文件规定的范围（幅度）内时，综合单价不得变动，合同价款不作调整。

⑥ 材料、工程设备暂估价。招标工程量清单中提供了暂估单价的材料、工程设备，按暂估的单价计入综合单价。

（3）总价项目

由于各投标人拥有的施工设备、技术水平和采用的施工方法有所差异，因此投标人应根据自身编制的投标施工组织设计或施工方案确定措施项目，投标人根据投标施工组织设计或施工方案调整和确定措施项目应通过评标委员会的评审。

① 措施项目中的总价项目应采用综合单价方式报价，包括除规费、税金外的全部费用。

② 措施项目中的安全文明施工费应按照国家或省级、行业主管部门的规定计算确定。

（4）其他项目费

① 暂列金额应按照招标工程量清单中列出的金额填写，不得变动。

② 暂估价不得变动和更改。暂估价中的材料、工程设备必须按照暂估单价计入综合单价；专业工程暂估价必须按照招标工程量清单中列出的金额填写。

③ 计日工应按照招标工程量清单列出的项目和估算的数量，自主确定各项综合单价并计算

费用。

④ 总承包服务费应根据招标工程量列出的专业工程暂估价内容和供应材料、设备情况，按照招标人提出的协调、配合与服务要求和施工现场管理需要自主确定。

（5）规费和税金

规费和税金必须按国家或省级、行业建设主管部门规定的标准计算，不得作为竞争性费用。

（6）投标总价

投标人的投标总价应当与组成招标工程量清单的分部分项工程费、措施项目费、其他项目费和规费、税金的合计金额相一致，即投标人在进行工程项目工程量清单招标的投标报价时，不能进行投标总价优惠（或降价、让利），投标人对投标报价的任何优惠（或降价、让利）均应反映在相应的清单项目的综合单价中。

小　结

本章讨论的装饰工程招投标报价是以工程量清单计价为基础，是清单计价的一种应用方式，学习中若有内容概念不清，可能需要再回顾前文涉及的清单计价的内容。工程招标投标是建设单位和施工单位交易的一种手段和方法，招标单位可以利用投标企业之间的竞争优选承包方。案例学习要理解透彻，从而掌握招标控制价、投标报价的编制方法。

思考与练习

一、单项选择题

1. 关于建设工程施工招标投标的程序，在发布招标公告后和接受投标书前，招标投标程序依次为（　　）。

A. 招标文件发放→投标人资格预审→勘察现场→投标答疑会

B. 勘察现场→投标答疑会→投标人资格预审→招标文件发放

C. 投标人资格预审→招标文件发放→勘察现场→投标答疑会

D. 投标答疑会→勘察现场→投标人资格预审→招标文件发放

2. 公开招标与邀请招标在招标程序上的差异主要表现为（　　）。

A. 是否进行资格预审　　　　　　B. 是否组织现场考察

C. 是否解答投标单位的质疑　　　D. 是否公开开标

3. 邀请招标也称有限竞争性选择招标，是指招标人以（　　）的方式邀请特定的法人或者其他组织投标。

A. 投标邀请书　　　B. 合同谈判　　　C. 传媒广告　　　D. 招标公告

二、多项选择题

1. 符合下列（　　）情形之一的，经批准可以进行邀请招标。

A. 国际金融组织提供贷款的

B. 受自然地域环境限制的

C. 涉及国家安全、国家秘密，适应招标但不适宜公开招标的

D. 项目技术复杂或有特殊要求只有几家潜在投标人可供选择的

E. 紧急抢险救灾项目，适宜招标但不适宜公开招标的

2. 符合(　　)情形之一的标书，应作为废标处理。

A. 逾期送达的

B. 未按招标文件要求提交投标保证金的

C. 无单位盖章并无法定代表人签字或盖章的

D. 投标人名称与资格预审时不一致的

E. 联合体投标附有联合体各方共同投标协议的

三、案例分析题

某国有资金投资办公楼建设项目，业主委托某具有相应招标代理和造价咨询资质的招标代理机构编制该项目的招标控制价，并采用公开招标方式进行项目施工招标。招标投标过程中发生以下事件：

事件1：招标代理人确定的自招标文件出售之日起至停止出售之日止的时间为10个工作日；投标有效期自开始发售招标文件之日起计算，招标文件确定的投标有效期为30天。

事件2：为了加大竞争，以减少可能的围标而导致竞争不足，招标人（业主）要求招标代理人对已根据计价规范、行业主管部门颁发的计价定额、工程量清单、工程造价管理机构发布的造价信息或市场造价信息等资料编制好的招标控制价再下浮10%，并仅公布了招标控制价总价。

事件3：招标人（业主）要求招标代理人在编制招标文件中的合同条款时不得有针对市场价格波动的调价条款，以便减少未来施工过程中的变更，控制工程造价。

事件4：应潜在投标人的请求，招标人组织最具竞争力的一个潜在投标人踏勘项目现场，并在现场口头解答了该潜在投标人提出的疑问。

事件5：评标中，评标委员会发现某投标人的报价明显低于其他投标人的报价。

问题

1. 指出事件1中的不妥之处，并说明理由。

2. 指出事件2中招标人行为的不妥之处，并说明理由。

3. 指出事件3中招标人行为的不妥之处，并说明理由。

4. 指出事件4中招标人行为的不妥之处，并说明理由。

5. 针对事件5，评标委员会应如何处理？

第八章　居室装饰工程预算与协商报价

教学目标

本章的学习要求学生能了解家装预算的作用，了解建筑装饰装修行业的材料市场、人工工资情况，学习并研究一些专业家装预算的编制方法和表现形式。同时，还应熟悉家装预算的编制依据和编制程序，掌握家装预算的编制方法，并能够有一定的审核预算的能力。

教学要求

知识要点	能力要求	相关知识
居室装饰工程报价概述	① 握居室装饰工程协商报价的概念 ② 熟悉居室装饰工程协商报价的要点	协商报价、分项综合单价
居室装饰工程参考价格	熟悉居室装饰工程参考价格	计算规则、施工工艺
居室装饰工程报价实例	① 掌握居室装饰工程报价的方法 ② 可根据施工图进行报价	

基本概念

协商报价、分项综合单价

引例

无论定额计价方式还是清单计价方式的预算，大多是由专门具有相关职业资质的预算员或造价师来编制，发包方也有相关专业工作人员来审核报价。而在实际工作中，室内设计师往往需要具备对居室装修工程进行初步报价的能力，那么，居室装饰装修工程的报价采用的是哪种形式呢？

第一节　居室装饰工程协商报价概述

一、居室装饰工程协商报价概念

居住装饰工程由于工程量较小，业主通常为个人或家庭，一般没有预算相关的专业知识；另一方面，居住装饰工程由于户型各异、业主要求千差万别，设计甚至施工过程中调整修改不断，因而

造价构成方面也琐碎复杂。装饰工程公司如果采用定额计价或者清单计价的方式，一方面难以与业主沟通，另一方面预算的工作量也不小。因此，市场上较为普遍的方式是业主直接与承包方沟通，采取协商报价的形式。协商报价，是指发包方与承包方通过协商确定的一个双方均愿接受的价格，彼此统一的价格是经过各方面对比和计算最后混合折中下确定的。

协商报价在形式上一般采用分项综合单价的方式进行报价。分项综合单价又可分为包工包料、包工包部分材料和包人工费三种承包方式，也就是常说的全包、半包和清包。从业主方的角度来看，三者有如下优缺点：全包把整个装修任务交给装饰公司，省事省心，费用风险较小；但是对材料控制较被动。半包是由业主购买主材，相对来说工作量要大一些，但是业主可根据需求和经济水平选择主要材料。清包需要业主购买所有材料，工作量较大，一般要求有大量的时间跟进工程。选择哪种承包方式，以及承包的价格，双方可以协商确定。

二、居住装饰工程协商报价的要点

由于居室装饰的标准要求不同，价格也就存在较大差异。不同的材料、不同的产地、不同的档次、不同的做法就会产生不同的定额单价（报价）。因此，在编制居室装饰工程报价时，应注意以下几点：

（1）熟悉设计图纸。认真研究设计图纸，总结其中的注意事项并列出清单，对于造型多样的、复杂的装饰工艺进行拆项计算，避免盲目或不合理的估价、报价。

（2）了解施工工艺，掌握市场材料价格。对施工工艺和市场价格要掌握，不漏报、不虚报，既确保了招标方的要求得到满足，也保证了自己的不受到亏损。

（3）场地考察，了解场地及业主情况；现场考察工程场地的自然地理条件和施工条件，以便更加准确地编制报价。同时，承包方应尽可能了解业主需求和竞争对手情况，做到知己知彼，方能给出更合理的报价。

（4）合理利用不平衡报价降低风险。不平衡报价是工程量清单报价中常用的技巧，核算工程量清单所列出的工程数量与施工图纸中工程数量的差异后，可使用不平衡报价提高报价的灵活性。

（5）确定基价后进行报价分析。在基价完成后，应分析其各项的合理性，从而对报价进行调整，形成最终报价。

第二节　居室装饰工程报价实例

工程代号：

工程名称：某住宅小区 5 栋 1 单元 201 室
客户名称：×××
联系电话：×××－×××××××
楼盘名称：×××住宅小区
户型类别：三房两厅
建筑面积：150 平方米（m²）

工程直接费：123，464.53

管理费：22，223.62

税金：5，230.20

总造价：150，918.35

主要编制预算员：

编制日期：　　　年　月　日；

项目名称	单位	单价	总数	总价	计量规则	工艺说明
项目类别：地面工程						小计：9，746.00
地面防水（涂刷三遍）	m²	105.00	28.90	3034.50	1.规则：按平方米计算。2.说明：根据实际施工面积结算。	1.工艺：人工清理基层→边角砂浆抹八字处理→地面预湿→防水材料搅拌→防水材料涂刷三遍满足JGJ298－2013室内防水技术规范→门口砂浆挡水带抹灰→挡水带防水涂刷1遍→闭水试验。2.乙供：本子目需要的材料、人工及机械。3.说明：墙（含门洞口两侧）地面交接涂刷高度不得低于地面以上300mm，门洞口应外展300mm涂刷。（2）地暖地面垫层上或泳池防水涂料费用另计。
地面现拌砂浆铺贴地砖（600mm＜周长≤1500mm，砂浆粘贴）	m²	77.00	28.90	2225.30	1.规则：按平方米计算。2.说明：适用于瓷砖下砂浆厚度≤30mm的地面，如需找平层执行相应子目。（2）如多规格组合铺贴，则按最小周长瓷砖定额报价。（3）根据实际施工面积结算。	1.工艺：人工清理瓷砖表面→地面清理→材料预排→标高定位及拉线→涂刷一遍界面剂→地面找平层压实→瓷砖背涂水泥砂浆粘接层→粘接敲平→养护。2.乙供：界面剂、水泥、中砂、人工费及机械费。3.甲供：瓷砖、定位卡。4.说明：不包含曲线、斜面拼贴、拼花、勾缝、原地面基层铲除等项目，如地面基层存在起砂、空鼓等问题，需按相关项目报价铲除后找平费用另计。
地面现拌砂浆铺贴过门石（宽度＜300mm）	延米	45.00	10.00	450.00	1.规则：按米计算。2.说明：（1）适用于瓷砖下砂浆厚度≤30mm的地面，如需找平层执行相应子目。（2）根据实际施工长度结算。	1.工艺：人工清理过门石表面→地面清理→材料预排→标高定位及拉线→涂刷一遍界面剂→地面找平层压实→过门石背涂水泥砂浆粘接层→粘接敲平→勾缝→养护。2.乙供：本子目需要的材料、人工及机械。3.甲供：过门石。4.说明：不包含原地面基层铲除等项目，如地面基层存在起砂、空鼓等问题，需按相关项目报价铲除后找平费用另计。

地面现场配制砂浆找平（均厚≤25mm，最厚处≤30mm）	m²	42.00	96.10	4036.20	1. 规则：按平方米计算。2. 说明：（1）根据实际施工面积结算。（2）最厚处厚度超过30mm执行增厚子目。	1. 工艺：人工地面清理→标高定位及灰饼制作→涂刷一遍界面剂→水泥砂浆现场拌制→地面找平→表面收平→养护。2. 乙供：界面剂、水泥、中砂、人工费及机械费。3. 说明：不包含原地面基层铲除等项目，如地面基层存在起砂、空鼓等问题，需按相关项目报价铲除后找平费用另计。
项目类别：墙面工程					小计：40，694.43	
99mm厚12mm纸面石膏板隔断（单排龙骨单层板双面封）	m²	190.00	30.97	5884.30	1. 规则：按平方米计算。2. 说明：（1）根据实际施工面积结算（不足1平方米按1平方米计算）。（2）石膏板面层可直接刮腻子后涂饰。	1. 工艺：人工进行测量定位→弹线→天地骨膨胀螺栓安装固定→隔墙龙骨安装→玻璃丝棉毡玻纤布包裹→玻璃丝棉毡安装→12mm纸面石膏板双面安装→自攻螺丝固定→钉帽防锈处理→嵌缝及粘贴纸带。2. 乙供：本子目需要的材料、人工及机械。3. 说明：（1）不包含曲面制作、刮腻子、乳胶漆等项目，如需制作门洞口费用另计。（2）如高度超过3000mm，需具体制订相关方案，按非标定价费用另计。
单层15mmOSB板门窗套、垭口衬底制作，墙体厚度≤120mm	米	75.00	73.78	5533.50	1. 规则：按延米计算。2. 以实际制作的完成面大小计算三边之和选用相应报价项目（如装饰梁轻钢龙骨骨架有隐蔽部分则需同时计入）。3. 根据实际施工数量结算	1. 工艺：人工进行测量定位→弹线→预埋木塞→15mmOSB板背涂防火涂料固定衬底→自攻螺丝固定。2. 乙供：本子目需要的材料、人工及机械。3. 说明：（1）不包含木质线条、木饰面涂饰等费用另计。（2）如设计拉槽深度≤6mm可直接增加拉槽费报价，如拉槽深度＞6mm需增加单层MDF板费用另计；如设计曲面（拱形）装饰梁需按非标定价费用另计。（3）如地下室或不通风潮湿环境，则必须进行防潮保温处理并安装通风及空调设备，对环境重新计算设计后判断能否制作，且潮湿环境不宜涂刷防火涂料。

（续表）

墙面防水（涂刷三遍）	m²	105.00	47.23	4959.15	1. 规则：按平方米计算。2. 说明：根据实际施工面积结算。	1. 工艺：人工清理基层→墙面预湿→防水材料搅拌→防水材料涂刷三遍，满足JGJ298－2013室内防水技术规范→养护。2. 乙供：本子目需要的材料、人工及机械。3. 说明：（1）不包含墙面找平等项目，依据实际发生费用另计。（2）卫生间轻质隔墙或空心板墙面应满涂防水，淋浴室墙体涂刷高度不小于1800mm。（3）泳池内墙（立）面防水涂料应执行相关报价费用另计。
墙面刷防水乳胶漆白色（都芳漆可调尾数P型颜色）	m²	90.00	55.08	4957.20	1. 规则：按平方米计算。2. 说明：根据实际施工面积结算，门窗面积不计入。	1. 工艺：人工涂刷界面剂一遍→批刮东易高级墙泥三遍→打磨砂纸→防水乳胶漆底漆一遍→乳胶漆面漆两遍。2. 乙供：本子目需要的材料、人工及机械。3. 说明：（1）可匹配P型色卡颜色，其他颜色需按基漆报价费用另计。（2）如不找平，则需进行阴阳角找边角项目施工，非混凝土墙体材质，需加贴玻纤网格布（网格布遍数需现场确定），找角、玻纤网格布费用另计。（3）不包含原墙面基层铲除、墙平找平、曲面、圆柱抹灰、弧形阴阳角制作、调色费等项目，费用另计。
墙面刷乳胶漆白色（都芳亚光墙顶漆可调尾数P型、T型颜色）	m²	48.00	101.87	4889.76	1. 规则：按平方米计算。2. 说明：根据实际施工面积结算，门窗面积不计入。	1. 工艺：人工涂刷界面剂一遍→批刮东易高级墙泥三遍→打磨砂纸→乳胶漆底漆一遍→乳胶漆面漆两遍。2. 乙供：本子目需要的材料、人工及机械。3. 说明：（1）可匹配P型、T型色卡颜色，其他颜色需按基漆报价费用另计。（2）如不找平，则需进行阴阳角找边角项目施工，非混凝土墙体材质，需加贴玻纤网格布（网格布遍数需现场确定），找角、玻纤网格布费用另计。（3）不包含原墙面基层铲除、墙平找平、曲面、圆柱抹灰、弧形阴阳角制作、调色费等项目，费用另计。

墙面贴壁纸基层处理（不含基膜）	m²	35.00	76.20	2667.00	1. 规则：按平方米计算。2. 说明：根据实际施工面积结算，门窗面积不计入，侧壁实际铺贴计入。	1. 工艺：人工涂刷界面剂一遍→批刮东易高级墙泥平均三遍→打磨砂纸。2. 乙供：本子目需要的材料、人工及机械。3. 说明：（1）如不找平，则需进行阴阳角找边角项目施工，非混凝土墙体材质，需加贴玻纤网格布（网格布遍数需现场确定），找角、玻纤网格布费用另计。（2）不包含原墙面基层铲除、墙平找平、曲面、圆柱抹灰、弧形阴阳角制作、涂刷基膜及粘贴壁纸等项目，费用另计。
墙面贴瓷砖（1200mm＜周长≤1800mm，薄贴）	m²	83.00	41.12	3412.96	1. 规则：按平方米计算。2. 说明：（1）根据实际施工面积结算。（2）如多规格组合铺贴，则按最小周长瓷砖定额报价。	1. 工艺：人工清理瓷砖表面→墙面找平层检查→测量定位→材料预排→标高定位→瓷砖黏合剂搅拌→批刮黏合剂→瓷砖粘贴→养护。2. 乙供：瓷砖黏合剂、人工费及机械费。3. 甲供：瓷砖、定位卡。4. 说明：需配套执行墙面找平相关报价项目，不包含斜面拼贴、拼花、曲面（弧形）粘贴、勾缝、原墙面基层铲除等，费用另计。
墙面贴瓷砖（600mm＜周长≤1200mm，薄贴）	m²	90.00	19.00	1710.00	1. 规则：按平方米计算。2. 说明：（1）根据实际施工面积结算。（2）如多规格组合铺贴，则按最小周长瓷砖定额报价。	1. 工艺：人工清理瓷砖表面→墙面找平层检查→测量定位→材料预排→标高定位→瓷砖黏合剂搅拌→批刮黏合剂→瓷砖黏贴→养护。2. 乙供：瓷砖黏合剂、人工费及机械费。3. 甲供：瓷砖、定位卡。4. 说明：需配套执行墙面找平相关报价项目，不包含斜面拼贴、拼花、圆柱、曲面（弧形）粘贴、勾缝、原墙面基层铲除等，费用另计。
墙面现场配制水泥砂浆找平找方（均厚≤10mm，最厚处≤20mm）	m²	38.00	60.12	2284.56	1. 规则：按平方米计算。2. 说明：（1）根据实际施工面积结算。（2）最厚处厚度超过20mm执行增厚子目。（3）进行砂浆找平后墙体不必进行墙平（石膏找平）找平施工。	1. 工艺：人工涂刷界面剂一遍→打灰饼标筋→现场32.5水泥砂浆配制→现场拌制→墙面抹灰→表面收平。2. 乙供：界面剂、水泥、中砂、人工费及机械费。3. 说明：（1）找平厚度超过20mm，则每增加10mm需加挂1层钢丝网费用另计。（2）不包含原墙面基层铲除、曲面、圆柱抹灰、贴砖等项目，如墙面基层存在起砂、空鼓等问题，需按相关项目报价铲除后找平费用另计。（3）如现场墙面为混凝土基础，需打麻处理，费用另计。

(续表)

				1. 规则：外轮廓面	1. 工艺：木龙骨骨架→防火涂料→局部欧
石膏板封面木龙骨有造型背景墙（存在立面凹凸）	m²	350.00	10.00	3500.00	1. 规则：外轮廓面积计算。2. 说明：根据实际施工面积结算。	1. 工艺：木龙骨骨架→防火涂料→局部欧松板衬底→12mm纸面石膏板封面。2. 乙供：本子目需要的材料、人工及机械。3. 说明：饰面处理另计。
水泥砂浆砌筑包立管	米	160.00	5.60	896.00	1. 规则：按米计算。2. 说明：后砌墙体宽度之和（一边或两边或三边）≤800mm以实际施工米数计算，＞800mm以实际施工平方米数按照砌墙计算。	1. 工艺：人工进行测量定位→弹线→50mm厚加气砖采用现拌砂浆错缝砌筑→每400mm高墙面植Φ6mm钢筋通长设置；如卫生间（地面防水应已制作完成）需先砌筑不低于200mm高度的压制砖，再行砌筑加气砖→新旧墙体交界处需挂钢丝网搭接宽度不小于100mm（另计）。2. 乙供：本子目需要的材料、人工及机械。3. 说明：表面挂钢丝网、抹灰、饰面等，费用另计。
项目类别：天棚工程						小计：20，449.60
单层15mmOSB板窗帘盒制作	米	105.00	15.40	1617.00	1. 规则：按延长米计算。2. 说明：根据实际施工数量结算（不足1延长米按1延长米计算）。	1. 工艺：人工进行测量定位→15mmOSB板裁切→吊件安装→膨胀螺栓固定→自攻螺丝固定 2. 乙供：本子目需要的材料、人工及机械。3. 说明：（1）不包含吊顶、轨道安装等，费用另计。（2）如地下室或不通风潮湿环境，则必须进行防潮保温处理并安装通风及空调设备，对环境重新计算设计后判断能否制作，且潮湿环境不宜涂刷防火涂料。
单层9.5mm纸面石膏板平板装饰线（宽度≤300mm）	米	26.00	24.47	636.22	1. 规则：按每级装饰线的延长米加和计算。2. 说明：根据实际施工数量结算。	1. 工艺：9.5mm纸面石膏板裁切→石膏快粘粉或自攻螺丝固定（石膏板间用白乳胶粘贴）→钉帽防锈处理→嵌缝及粘贴纸带。2. 乙供：本子目需要的材料、人工及机械。3. 说明：不包含顶面找平、吊顶、刮腻子、乳胶漆等，费用另计。
单层9.5mm纸面石膏板平面吊顶	m²	172.00	43.09	7411.48	1. 规则：按展开面积平方米计算。2. 说明：根据实际施工面积结算。（2）石膏板面层可直接刮腻子后涂饰。	1. 工艺：人工进行测量定位→弹线→边龙骨安装→吊件安装→轻钢龙骨安装→9.5mm纸面石膏板罩面→自攻螺丝固定→钉帽防锈处理→嵌缝及粘贴纸带。2. 乙供：本子目需要的材料、人工及机械。3. 说明：（1）不包含穿形、曲面吊顶、石膏线、刮腻子、乳胶漆、拉槽等，费用另计。（2）如需制作出风口、检修口框架、石膏板材质检修口、窗帘盒、吊顶跌级或灯槽费用另计。（3）如吊顶下吊距离＞500mm吊杆需加长费用另计。（4）如地下室或不通风潮湿环境，则要求使用耐水石膏板。

					1. 规则：按灯槽制作的延长米计算。2. 说明：（1）如直线跌级和灯槽在同一跌级上，只收取直线灯槽费。（2）根据实际施工数量结算。	1. 工艺：人工制作直线灯槽相关细部工艺附加费及边龙骨材料增加费。2. 乙供：本子目需要的材料、人工及机械。3. 说明：不包含吊顶、跌级、挂石膏线、曲线灯槽费用。（2）不包含刮腻子、乳胶漆等费用。
天棚单层9.5mm纸面石膏板直线灯槽费	米	58.00	39.00	2262.00		
天棚单层9.5mm纸面石膏板直线跌级费	米	50.00	25.10	1255.00	1. 规则：按每级延长米计算。2. 说明：（1）适用于普通纸面及耐水石膏板跌级吊顶计算。（2）根据实际施工数量结算。	1. 工艺：人工制作直线跌级造型相关细部工艺附加费及边龙骨材料增加费。2. 乙供：本子目需要的材料、人工费及机械费。3. 说明：不包含吊顶、灯槽、曲线跌级、石膏线费用。
天棚刷防水乳胶漆白色（都芳漆可调尾数P型颜色）	m²	90.00	22.29	2006.10	1. 规则：按平方米计算。2. 说明：根据实际施工面积结算，门窗面积不计入。	1. 工艺：人工涂刷界面剂一遍→批刮东易高级墙泥三遍→打磨砂纸→防水乳胶漆底漆一遍→乳胶漆面漆两遍。2. 乙供：界面剂、高级墙泥、防水底漆、面漆、人工费及机械费。3. 说明：（1）可匹配P型色卡颜色，其他颜色需按基漆报价费用另计。（2）如不找平，则需进行阴阳角找边角项目施工，非混凝土墙体材质，需加贴玻纤网格布（网格布遍数需现场确定），找角、玻纤网格布费用另计。（3）不包含原墙面基层铲除、墙平找平、曲面、圆柱抹灰、弧形阴阳角制作、调色费等项目，费用另计。
天棚刷乳胶漆白色（都芳亚光墙顶漆可调尾数P型、T型颜色）	m²	48.00	95.20	4569.60	1. 规则：按平方米计算。2. 说明：根据实际施工面积结算，门窗面积不计入。	1. 工艺：人工涂刷界面剂一遍→批刮东易高级墙泥三遍→打磨砂纸→乳胶漆底漆一遍→乳胶漆面漆两遍。2. 乙供：界面剂、高级墙泥、底漆、面漆、人工费及机械费。3. 说明：（1）可匹配P型、T型色卡颜色，其他颜色需按基漆报价费用另计。（2）如不找平，则需进行阴阳角找边角项目施工，非混凝土墙体材质，需加贴玻纤网格布（网格布遍数需现场确定），找角、玻纤网格布费用另计。（3）不包含原墙面基层铲除、墙平找平、曲面、圆柱抹灰、弧形阴阳角制作、调色费等项目，费用另计。

(续表)

增加单层9.5mm纸面石膏板	m²	35.00	6.32	221.20	1. 规则：按展开面积平方米计算。2. 说明：根据实际施工面积结算。	1. 工艺：9.5mm纸面石膏板罩面→自攻螺丝固定（白乳胶辅助粘贴）→钉帽防锈处理→嵌缝及粘贴纸带。2. 乙供：本子目需要的材料、人工及机械。3. 说明：不包含吊顶、拉槽造型、刮腻子、乳胶漆等，费用另计。
增加单层9.5mm纸面石膏板轻钢结构专用检修口（周长＜1600mm）	个	57.00	1.00	57.00	1. 规则：按单个计算。2. 说明：根据实际施工数量结算。	1. 工艺：轻钢龙骨检修口基础框架制作→框架安装→检修口9.5mm纸面石膏板固定罩面→自攻螺丝固定→钉帽防锈处理。2. 乙供：本子目需要的材料、人工及机械。3. 说明：不包含吊顶、检修口框架、刮腻子、乳胶漆制作费用。
增加吊顶轻钢龙骨检修或风口框架制作（周长＜1600mm）	个	40.00	1.00	40.00	1. 规则：按单个计算。2. 说明：根据实际施工数量结算。	1. 工艺：按照检修或风口框架大小要求（排风扇、浴霸等规格）人工切割龙骨→安装十字连接件。2. 乙供：轻钢龙骨、十字连接件、人工费及机械费。3. 说明：（1）不包含吊顶、石膏板、出风口等费用另计。（2）如需制作石膏板检修口、安装排风扇、浴霸等项目，依据实际发生费用另计。
增加天棚饰面装饰拉槽费（石膏板、木质或人造板饰面）	米	22.00	17.00	374.00	1. 规则：按延长米计算。2. 说明：根据实际施工数量累加结算。	说明：使用专用设备对相应板面进行拉槽处理，不包括表面涂饰等，费用另计，按照被拉槽施工延米数量累加计算。
项目类别：电气工程				小计：30，799.00		
壁灯、镜前灯安装	盏	25.00	7.00	175.00	1. 规则：按安装盏数计算。2. 说明：预算报价数量为暂定数量，应根据实际施工数量结算。	1. 工艺：人工开孔安装膨胀螺栓固定→灯具组装→灯具安装→运行检查。2. 乙供：人工费及机械费。3. 甲供：灯具及配件。4. 说明：单价超过1500元，另加收产品单价5%安装风险费。
开关、插座面板安装费	个	12.00	60.00	720.00	1. 规则：按安装个数计算。2. 说明：预算报价数量为根据现场预估的暂定数量，应按照实际施工数量结算。	1. 工艺：人工剥线→面板接线→安装固定→运行检查。2. 乙供：人工费及机械费。3. 甲供：开关、插座面板。

软灯带安装	米	13.00	39.00	507.00	1. 规则：按延长米计算。2. 说明：预算报价数量为暂定数量，应根据实际施工数量结算。（不足1延长米按1延长米计算）	1. 工艺：人工组装软灯带→灯带安装→运行检查。2. 乙供：人工费及机械费。3. 甲供：灯带及配件（最好选用 LED 光源）。
筒灯、射灯安装	盏	15.00	13.00	195.00	1. 规则：按安装盏数计算。2. 说明：预算预算报价数量为暂定数量，应根据实际施工数量结算。	1. 工艺：人工吊顶板面开孔→灯具组装→灯具安装→运行检查。2. 乙供：人工费及机械费。3. 甲供：灯具及配件。
增加电气水管管道非混凝土开、补槽费（1～3管）	米	12.00	90.00	1080.00	1. 规则：按延长米计算。2. 说明：预算报价数量为根据现场预估的暂定数量，应按照实际施工数量结算。（不足1延长米按1延长米计算）	1. 工艺：定位→开剔槽→清理→铺管（另计）→线槽清扫→涂刷界面剂→水泥砂浆或石膏补槽（潮湿位置必须使用水泥砂浆）→表面粘贴专用纸带或玻纤布抗裂。2. 乙供：本子目需要的材料、人工及机械。3. 说明：严禁水泥空心压力板隔墙或空心砖横向开槽施工，实体砌块墙横向开槽距离不宜超过单位墙体长度的10%（最长<400mm），禁止双向对切。
增加电气水管管道非混凝土开、补槽费（10管以上）	米	30.00	22.00	660.00	规则：1. 按延长米计算。2. 预算报价数量为根据现场预估的暂定数量，应按照实际施工数量结算。（不足1延长米按1延长米计算）	1. 工艺：定位→开剔槽→清理→铺管（另计）→人工对线槽清扫→涂刷界面剂→水泥砂浆或石膏补槽（潮湿位置必须使用水泥砂浆）→表面粘贴专用纸带或玻纤布抗裂。2. 乙供：本子目需要的材料、人工及机械。3. 说明：严禁水泥空心压力板隔墙或空心砖横向开槽施工，实体砌块墙横向开槽距离不宜超过单位墙体长度的10%（最长<400mm），禁止双向对切。
增加电气水管管道非混凝土开、补槽费（4～6管）	米	18.00	68.00	1224.00	规则：1. 按延长米计算。2. 预算报价数量为根据现场预估的暂定数量，应按照实际施工数量结算。（不足1延长米按1延长米计算）	1. 工艺：定位→开剔槽→清理→铺管（另计）→线槽清扫→涂刷界面剂→水泥砂浆或石膏补槽（潮湿位置必须使用水泥砂浆）→表面粘贴专用纸带或玻纤布抗裂。2. 乙供：本子目需要的材料、人工及机械。3. 说明：严禁水泥空心压力板隔墙或空心砖横向开槽施工，实体砌块墙横向开槽距离不宜超过单位墙体长度的10%（最长<400mm），禁止双向对切。

（续表）

					规则	工艺
增加电气水管管道非混凝土开、补槽费（7～9管）	米	23.00	45.00	1035.00	规则：1. 按延长米计算。2. 预算报价数量为根据现场预估的暂定数量，应按照实际施工数量结算。（不足1延长米按1延长米计算）	1. 工艺：定位→开剔槽→清理→铺管（另计）→线槽清扫→涂刷界面剂→水泥砂浆或石膏补槽（潮湿位置必须使用水泥砂浆）→表面粘贴专用纸带或玻纤布抗裂。2. 乙供：本子目需要的材料、人工及机械。3. 说明：严禁水泥空心压力板隔墙或空心砖横向开槽施工，实体砌块墙横向开槽距离不宜超过单位墙体长度的10%（最长＜400mm），禁止双向对切。
直径18mm PVC管穿2.5平方塑铜线（≤3根）	米	38.00	304.00	11552.00	1. 规则：按延长米计算。2. 说明：预算报价数量为根据现场预估的暂定数量，应按照实际施工数量结算。（遇断点时不足1延长米按1延长米计算）	1. 工艺：定位→PVC塑料线管加工→管道粘接固定→穿2.5平方塑铜线（管内穿线2～3根）→绝缘导通检验。2. 乙供：本子目需要的材料、人工及机械。3. 说明：（1）严禁单管单线，厨、卫、阳台等潮湿环境应顶面架设布线。（2）不包含穿墙开孔（物业同意后客户应聘请专业厂家开孔）、线管开槽、电线盒安装、面板安装等，费用另计。（3）如要求安装阻燃或低烟无卤电线按非标定价费用另计。
直径18mm PVC管穿4平方塑铜线（≤3根）	米	43.00	203.00	8729.00	1. 按延长米计算。2. 预算报价数量为根据现场预估的暂定数量，应按照实际施工数量结算。（不足1延长米按1延长米计算）	1. 定位→PVC塑料线管加工→管道粘接固定→穿4平方塑铜线（管内穿线2～3根）→绝缘导通检验。2. 乙供：本子目需要的材料、人工及机械。3. 不包含穿墙开孔、线管开槽、电线盒安装、面板安装等项目，依据实际发生费用另计。
直径18mm PVC管穿单根超五类网络线	米	29.00	118.00	3422.00	1. 规则：按延长米计算。2. 预算报价数量为根据现场预估的暂定数量，应按照实际施工数量结算。（不足1延长米按1延长米计算）	1. 工艺：定位→PVC塑料线管加工→固定连接→穿单根超五类网络线→导通检验。2. 乙供：本子目需要的材料、人工及机械。3. 不包含穿墙开孔、线管开槽、电线盒安装、面板安装等项目，依据实际发生费用另计。

直径18mm PVC管穿单根高清四屏蔽抗扰数字电视线	米	30.00	50.00	1500.00	1. 规则：按延米计算。2. 说明：报价数量为暂定数量，应根据现场预估报预算，实际施工数量结算（遇断点时总数量不足1延米按1延米计算）。	1. 工艺：定位→PVC塑料线管加工→固定连接→穿单根电视线→导通检验。2. 乙供：本子目需要的材料、人工及机械。3. 说明：不包含穿墙开孔、线管开槽、电线盒安装、面板安装等项目，依据实际发生费用另计。
项目类别：措施费					小计：8,850.00	
材料运输搬运费	m²	8.00	150.00	1200.00	1. 按套内面积平方米计算。2. 说明：含加建或改建部分面积（不足100平方米按100平方米计算）。	1. 材料自材料库房运至工地现场物业指定位置运输费及搬运费。2. 一层以上楼层套用有（无）电梯楼层搬运费，依据实际发生费用另计。3. 需搬运的材料是指乙供材料。
居室垃圾清运费	m²	10.00	150.00	1500.00	1. 公式：按套内面积平方米计算。2. 说明：（1）含加建或改建部分面积（不足100平方米按100平方米计算）。	1. 说明：（1）从楼上装修点运至小区内指定地点。（2）不含建渣和老房拆除工程产生的垃圾清运。（3）除建渣和老房拆除工程外的乙方施工内容范围内的垃圾清运，不含垃圾外运费用。
现场成品保护（保护膜）	m²	8.00	150.00	1200.00	1. 按套内面积平方米计算。2. 说明：含加建或改建部分面积。	1. 人工现场采用EPE保护膜保护（铺专用保护膜一层）。2. 适用于现场门窗、洁具、现场成品及地砖（石材）装饰地面进行成品保护。3. 如需对现场木质地板、楼梯、浴缸等易磨损装饰成品进行保护，则应按硬质成品保护（保护膜加保护板）项目计价，依据实际发生费用另计。
有电梯楼层搬运费	m²	3.00	150.00	450.00	1. 按套内面积平方米计算。2. 说明：含加建或改建部分面积（不足100平方米按100平方米计算）。	1. 现场材料落地点通过电梯到具体房间人工搬运材料单次增加费。2. 单次搬运材料是指乙供材料。3. 不包含材料运输搬运费。
远征施工费（近郊区县）	m²	30.00	150.00	4500.00	按建筑面积计算（不足1平方米按1平方米计算）。	距市中心50公里以内（以百度地图测量直线距离为准）的周边城区或县级市，按此标准收取费用，当工程直接费大于30万元时，远程管理费另计。

（续表）

项目类别：补充					小计：892.50
厨卫地面现场配制砂浆回填（抬高厚度 201～300mm）〔通用〕	m²	105.00	8.50	892.50		1. 工艺：人工清理基层→管道支撑、固定、保护→砖砌体粉碎填充→现场拌制 1：3 水泥砂浆灌浇→压实、找坡、平整、表面收平→养护。2. 乙供：本子目需要的材料、人工及机械。3. 说明：（1）不含防水施工。（2）按实际施工面积结算。

项目类别：给排水工程					小计：12,033.00
地漏安装	个	15.00	9.00	135.00	1. 规则：按安装个数计算。2. 说明：根据实际施工数量结算。	1. 工艺：整理基层（坚实、防水无破坏）→地漏安装→通排测试。2. 乙供：黏结剂、人工费及机械费。3. 甲供：地漏。
改 PVC－U 下水管（直径≤50，不含打孔）	米	75.00	20.00	1500.00	1. 规则：按延长米计算。2. 说明：预算报价数量为暂定数量，应根据现场预估及实际施工数量结算（不足 1 延长米按 1 延长米计算）。	1. 工艺：定位（含表面剔凿）→PVC－U 管道加工裁切→连接固定→通排测试。2. 乙供：PVC－U 管及配件、人工费及机械费。3. 说明：（1）楼房居民排水立管不能改造。（2）不包含楼板开孔、穿墙开孔（物业同意后客户应聘请专业厂家开孔）、管道保温隔音、地漏及洁具安装等，费用另计。
改 PVC－U 下水管（直径110，不含打孔）	米	196.00	12.00	2352.00	1. 规则：按延长米计算。2. 说明：预算报价数量为暂定数量，应根据现场预估及实际施工数量结算（不足 1 延长米按 1 延长米计算）。	1. 工艺：定位（含表面剔凿）→PVC－U 管道加工裁切→连接固定→通排测试。2. 乙供：PVC－U 管及配件、人工费及机械费。3. 说明：（1）楼房居民排水立管不能改造。（2）不包含楼板开孔、穿墙开孔（物业同意后客户应聘请专业厂家开孔）、管道保温隔音、地漏及洁具安装等，费用另计。
直径 20 型德国进口 PP－R 管安装	米	85.00	54.00	4590.00	1. 规则：按延长米计算。2. 说明：预算报价数量为暂定数量，应根据现场预估及实际施工数量结算（遇断点时不足 1 延长米按 1 延长米计算）。	1. 工艺：定位→PP－R 管加工裁切→连接固定→压力测试。2. 乙供：PP－R 管及配件、人工费及机械费。3. 说明：（1）非同品牌 PP－R 管道熔接，公司不负责对不同品牌 PP－R 熔接位置及前段管道质量承担质保责任。（2）不包含穿墙开孔（物业同意后客户应聘请专业厂家开孔）、线管开槽、管道保温、专用 PP－R 阀门、洁具及五金安装等费用。

| 直径 25 型德国进口 PP－R 管安装 | 米 | 96.00 | 36.00 | 3456.00 | 1. 规则：按延长米计算。2. 说明：预算报价数量为暂定数量，应根据现场预估及实际施工数量结算（遇断点时不足 1 延长米按 1 延长米计算）。 | 1. 工艺：定位→PP－R 管加工裁切→连接固定→压力测试。2. 乙供：PP－R 管及配件、人工费及机械费。3. 说明：（1）非同品牌 PP－R 管道熔接，公司不负责对不同品牌 PP－R 熔接位置及前段管道质量承担质保责任。（2）不包含穿墙开孔（物业同意后客户应聘请专业厂家开孔）、线管开槽、管道保温、专用 PP－R 阀门、洁具及五金安装等费用。 |

注：本合同所有项目工程量以实际结算为准。

小　结

本章内容不多，但是在实际工作中常用。本章虽为"协商报价"，但是以定额和清单计价为基础，总的方法是相通的，不要脱离前面的内容单独看待。居室装修工程的报价除了掌握报价的方法外，还要熟悉市场材料的价格，了解施工工艺和本企业的施工水平，才能有的放矢，既使工程有利可图，又具有市场竞争力。

思考与练习

准备一套完整的居室装饰装修施工图纸，根据当地的市场行情，制作一份居室装修协商报价的预算书。

附录 居住装饰工程参考价格

由于市场的波动、地域的差别，装饰装修工程的报价差别较大。本附录所录入的价格仅供参考，可在预算报价练习的时候使用。对于实践工程，建议对市场进行考察，了解当地、当时的价格。本参考报价共计9大工程，103个子目。

一、地面工程

地面工程共计12个子目，其具体内容见附表1所示。

附表1

编号	项目	单位	单价（元）	工艺做法	计算规则	备注
1—1	砖砌地台	m²	120	1. 工艺：清理基层地面→定标高、弹线→选料→1：3水泥砂浆砌筑红砖边→回填土；2. 材料：32.5水泥，240×115×53（mm）红砖；3. 工程标准：表面平整干净、回填土密实	按图示尺寸以m²计算	高度不超过150mm，饰面地板等主材另计，C10砼垫层或水泥砂浆找平层另计
1—2	木地台	m²	720	1. 工艺：角钢骨架，松木板，铁钉固定；2. 材料：30×40（mm）角钢；3. 工程标准：安装牢固、平整	按图示尺寸以m²计算	含钢架防锈漆，松木
1—3	大芯板地台（150mm高）	m²	180	1. 工艺：3×4木龙骨底架，15mm大芯板铺面；2. 材料：3×4无边皮铁杉木龙骨，15mm大芯板；3. 工程标准：安装牢固，平整	按图示尺寸以m²计算，高度150mm内	不含饰面材料
1—4	地面水泥砂浆找平	m²	28	1. 工艺：用1：2水泥砂浆找平；2. 材料：32.5水泥；3. 工程标准：坚实牢固，无空鼓，翻砂，平整度≤3mm（2m水平尺检查）	按找平展开面积计算	找平厚度3cm以内，超过部分按2元/cm/m²计

编号	项目	单位	单价（元）	工艺做法	计算规则	备注
1—5	地面地毯铺设（清工、辅料）	m²	50	1. 工艺：基层处理，铺设地毯；2. 材料：塑料黏结剂；3. 工程标准：安装牢固，平整，无破损	按实际施工展开面积计算	不含地毯、地毯胶垫、压板、压棍
1—6	实木地板铺装	m²	100	1. 工艺：清理基层地面→定标高、弹线→选料→安装木龙骨→实木地板打眼安装；2. 材料：无边皮3×4铁杉木龙骨，专用地板钉；3. 工程标准：安装牢固，表面平整干净、周边顺直	按图示尺寸以 m² 计算	实木地板由甲方提供
1—7	铺楼梯踏步板	步	240.00	1. 工艺：原钢架楼梯上方铺设实木集成板；2. 材料：30mm厚西南桦集成板；3. 工程标准：安装牢固，平整	按实际步数计算	楼梯踏步宽度不超过900mm宽，踏步及踢面总宽度不超过500mm
1—8	铺大规格地砖（清工、辅料）	m²	45.00	1. 工艺：清理基层地面→定标高、弹线→选料→摊铺1∶3水泥砂浆→铺设地砖（铺贴用1∶1素水泥浆抹在地砖背面，铺贴后，用橡皮棰敲实，同时用水平尺检查校正）→勾缝→清洁→养护交工；2. 材料：32.5水泥，白水泥勾缝，如需专用勾缝剂另项计算；3. 工程标准：铺贴牢固，表面平整干净、缝隙均匀、周边顺直，无漏贴错贴，空鼓面积（单块空鼓面积小于10cm²可不计）小于总数的5％，铺贴砖缝宽度≤2mm，表面平整度≤2mm（2m水平尺检查），接缝高低差≤1mm	按图示尺寸以 m² 计算	地砖由甲方提供，地砖规格为单边尺寸40cm以上；水泥砂浆铺贴厚度在3cm以内，超出每增加1cm厚度造价增加2元，遇造型拼花价格另计
1—9	铺地砖（清工、辅料）	m²	40.00	1. 工艺：清理基层地面→定标高、弹线→选料→板材浸水湿润→摊铺1∶2水泥砂浆→铺设地砖→勾缝→清洁→养护交工铺贴；2. 材料：32.5水泥，白水泥勾缝，如需专用勾缝剂另项计算；3. 工程标准：铺贴牢固，表面平整干净、缝隙均匀、周边顺直，无漏贴错贴，空鼓面积（单块空鼓面积小于10cm²可不计）小于总数的5％，铺贴砖缝宽度≤2mm，表面平整度≤2mm（2m水平尺检查），接缝高低差≤1mm	按图示尺寸以 m² 计算	地砖由甲方提供，地砖规格为单边尺寸15～40cm；水泥砂浆铺贴厚度在3cm以内，超出每增加1cm厚度造价增加2元，遇造型拼花价格另计

（续表）

编号	项目	单位	单价（元）	工艺做法	计算规则	备注
1-10	铺仿古地砖（清工、辅料）	m²	40.00	1. 工艺：清理基层地面→定标高、弹线→选料→摊铺1∶3水泥砂浆→铺设地砖（铺贴用1∶1素水泥浆抹在地砖背面，铺贴后用橡皮榫敲实，同时用水平尺检查校正）→勾缝→清洁→养护交工；2. 材料：32.5水泥，白水泥勾缝，如需专用勾缝剂另项计算；3. 工程标准：铺贴牢固，表面平整干净、缝隙均匀、周边顺直，无漏贴错贴，空鼓面积（单块空鼓面积小于10cm²可不计）小于总数的5％，铺贴砖缝宽度≤2mm，表面平整度≤2mm（2m水平尺检查），接缝高低差≤1mm	按图示尺寸以m²计算	地砖由甲方提供，地砖规格为单边尺寸40cm以内；水泥砂浆铺贴厚度在3cm以内，超出每增加1cm厚度造价增加2元，遇造型拼花价格另计
1-11	铺石材（清工、辅料）	m²	70.00	1 工艺：清理基层地面→定标高、弹线→选料→摊铺1∶3水泥砂浆→铺设石材（铺贴用1∶1素水泥浆抹在石材背面，铺贴后用橡皮榫敲实，同时用水平尺检查校正）→勾缝→清洁→养护交工；2. 材料：32.5水泥，白水泥勾缝，如需专用勾缝剂另项计算；3. 工程标准：铺贴牢固，表面平整干净、缝隙均匀、周边顺直，无漏贴错贴，空鼓面积（单块空鼓面积小于10cm²可不计）小于总数的5％，铺贴砖缝宽度≤2mm，表面平整度≤2mm（2m水平尺检查），接缝高低差≤1mm	按图示尺寸以m²计算	石材由甲方提供，石材为单边尺寸60cm以上；水泥砂浆铺贴厚度在3cm以内，超出每增加1cm厚度造价增加2元，遇造型拼花价格另计
1-12	铺贴拼花地砖（清工、辅料）	m²	60.00	1. 工艺：清理基层地面→定标高、弹线→选料→拼花地砖→摊铺1∶2水泥砂浆→勾缝→清洁→养护交工铺贴；2. 材料：32.5水泥，白水泥勾缝，如需专用勾缝剂另项计算；3. 工程标准：铺贴牢固，表面平整干净、缝隙均匀、周边顺直，无漏贴错贴，空鼓面积（单块空鼓面积小于10cm²可不计）小于总数的5％，铺贴砖缝宽度≤2mm，表面平整度≤2mm（2m水平尺检查），接缝高低差≤1mm	按图示尺寸以m²计算	拼花地砖由甲方提供，水泥砂浆铺贴厚度在3cm以内，超出每增加1cm厚度造价增加2元，遇造型拼花价格另计

二、顶棚工程

顶棚工程共计 16 个子目, 其具体内容见附表 2 所示。

附表 2

编号	项目	单位	单价 (元)	工艺做法	计算规则	备注
2—1	木格栅吊顶	m²	180.00	1. 工艺: 木格栅制作、安装, 吊件安装; 2. 材料: 木格栅 100×100×50 (mm); 3. 工程标准: 吊顶位置应准确, 所有连接件必须拧紧、夹牢, 安装应牢固, 表面平整、无污染、折裂、缺掉角、凹痕等缺陷, 吊顶水平度≤4mm	按外轮廓展开面积以 m² 计算	不含木格栅油漆, 油漆另计, 基层防火涂料, 如需刷防火涂料按 10 元/m² 计取, 不含灯具
2—2	铝格栅吊顶	m²	270.00	1. 工艺: 铝合金格栅安装, 吊件安装; 2. 材料: 铝格栅 100×100 (δ=0.4); 3. 工程标准: 吊顶位置应准确, 所有连接件必须拧紧、夹牢, 安装应牢固, 表面平整、无污染、折裂、缺掉角、凹痕等缺陷, 吊顶水平度≤4mm	按外轮廓展开面积以 m² 计算	不含灯具
2—3	钢骨架钢化玻璃顶棚	m²	460.00	1. 工艺: 钢骨架制作、安装, 防锈漆及调和漆涂刷, 玻璃安装, 玻璃胶封边缝及建筑油膏; 2. 材料: 型钢, 6mm 平钢化玻璃; 3. 工程标准: 吊顶位置应准确, 所有连接件必须拧紧、夹牢, 安装应牢固, 表面平整、无污染, 吊顶水平度≤4mm	按外轮廓展开面积以 m² 计算	不含灯具
2—4	钢骨架夹丝玻璃顶棚	m²	750.00	1. 工艺: 钢骨架制作、安装, 防锈漆及调和漆涂刷, 玻璃安装, 玻璃胶封边缝及建筑油膏; 2. 材料: 夹丝玻璃, 型钢; 3. 工程标准: 吊顶位置应准确, 所有连接件必须拧紧、夹牢, 安装应牢固, 表面平整、无污染, 吊顶水平度≤4mm	按外轮廓展开面积以 m² 计算	不含灯具
2—5	石膏板平面顶棚	m²	120.00	1. 工艺: 轻钢龙骨基架, 边框固定; 2. 材料: 石膏板、轻钢龙骨; 3. 工程标准: 主龙骨间距 1m 内, 次龙骨和横撑间距 0.6m 内, 根据现场调整, 开灯孔不得裁断龙骨, 面封 9mm 厚纸面石膏板, 使用专用防锈自攻螺丝, 石膏板拼接原板间不留缝, 裁板间须留 3mm 至 8mm 缝隙, 且不允许小块拼接; 材料: 石膏板、轻钢龙骨	按外轮廓展开面积以 m² 计算	不含石膏板饰面部分, 不含灯具

（续表）

编号	项目	单位	单价（元）	工艺做法	计算规则	备注
2—6	石膏板直线造型顶棚	m²	160.00	1. 工艺：轻钢龙骨基架，边框固定，主龙骨间距 1m 内，次龙骨和横撑间距 0.6m 内，根据现场调整，开灯孔不得裁断龙骨，面封 9mm 厚纸面石膏板，使用专用防锈自攻螺丝，石膏板拼接原板间不留缝，裁板间须留 3mm 至 8mm 缝隙，且不允许小块拼接；2. 材料：石膏板、轻钢龙骨；3. 工程标准：吊顶位置应准确，所有连接件必须拧紧、夹牢，安装应牢固，表面平整、无污染、折裂、缺掉角、凹痕等缺陷，吊顶水平度≤4mm	吊顶长或宽小于 2m 时按直线造型计算，面积按吊顶外轮廓展开面积	不含石膏板饰面部分，不含灯具
2—7	石膏板曲线造型顶棚	m²	200.00	1. 工艺：轻钢龙骨基架，边框固定，主龙骨间距 1m 内，次龙骨和横撑间距 0.6m 内，根据现场调整，开灯孔不得裁断龙骨，面封 9mm 厚纸面石膏板，使用专用防锈自攻螺丝，石膏板拼接原板间不留缝，裁板间须留 3mm 至 8mm 缝隙，且不允许小块拼接；2. 材料：材料：石膏板、轻钢龙骨；3. 工程标准：吊顶位置应准确，所有连接件必须拧紧、夹牢，安装应牢固，表面平整、无污染、折裂、缺掉角、凹痕等缺陷，吊顶水平度≤4mm	吊顶长或宽小于 2m 时按直线造型计算，面积按吊顶外轮廓展开面积	不含石膏板饰面部分，不含灯具
2—8	胡桃木饰面直线造型；顶棚	m²	240.00	1. 工艺：轻钢龙骨基架，边框固定，主龙骨间距 1m 内，次龙骨和横撑间距 0.6m 内，根据现场调整，开灯孔不得裁断龙骨，九厘板基层，胡桃木饰面板封面　使用专用防锈自攻螺丝；2. 材料：轻钢龙骨、环保九厘板、保 E1 级胡桃木面板、白乳胶；3. 工程标准：吊顶位置应准确，所有连接件必须拧紧、夹牢，安装应牢固，表面平整、无污染、折裂、缺掉角、凹痕等缺陷，吊顶水平度≤4mm	按外轮廓展开面积以 m² 计算	不含面板油漆，油漆另计，基层防火涂料，如需刷防火涂料按 10 元/m² 计取，不含灯具

编号	项目	单位	单价（元）	工艺做法	计算规则	备注
2—9	杉木板条；吊顶	m²	220.00	1. 工艺：轻钢龙骨基架，边框固定，主龙骨间距1m内，次龙骨和横撑间距0.6m内，根据现场调整，开灯孔不得裁断龙骨，九厘板基层，杉木板条封面使用专用防锈自攻螺丝。2. 材料：轻钢龙骨、环保九厘板、环保杉木板条、白乳胶；3. 工程标准：吊顶位置应准确，所有连接件必须拧紧、夹牢，安装应牢固，表面平整、无污染、折裂、缺掉角、凹痕等缺陷，吊顶水平度≤4mm	按外轮廓展开面积以m²计算	不含杉木板油漆，油漆另计，基层防火涂料，如需刷防火涂料按10元/m²计取，不含灯具
2—10	条形铝扣板吊顶	m²	90.00	1. 工艺：镀锌三角龙骨基架，烤漆边龙骨固定，厚0.5mm以上条形铝扣板，珠光系列；2. 材料：100～150mm宽覆膜条形铝合金扣板（厚度0.5mm），铝扣板配套龙骨；3. 工程标准：吊顶位置应准确，安装应牢固无松动脱落，表面平整、无污染、折裂、缺掉角、凹痕等缺陷	按吊顶展开面积以m²计算	含吊杆，龙骨，铝扣板，收边阴角线全套配件
2—11	PVC扣板吊顶	m²	90.00	1. 工艺：木龙骨基架，需刷防火涂料，面封PVC扣板；2. 材料：3×4铁杉木龙骨，PVC扣板；3. 工程标准：吊顶位置应准确，安装应牢固无松动脱落，表面平整、无污染、折裂、缺掉角、凹痕等缺陷	按吊顶展开面积以m²计算	含龙骨，扣板，收边阴角线全套配件
2—12	铁杉木；顶角线	m	40.00	1. 工艺：九厘板踢脚线基层打底→2.4mm密度板封面→铁杉实木线收口→踢脚线上口小铁杉实木线收口→踢脚线与墙体接缝处防裂胶处理、压整处理→修刨处理→饰条安装；2. 材料：九厘板，水曲柳面板，中密度板，白乳胶；3. 工程标准：安装牢固，平直	按顶角线展开长度以m计算	不含油漆，顶角线高度不大于100mm
2—13	榉木顶角线	m	68.00	1. 工艺：九厘板踢脚线基层打底→2.4mm密度板封面→铁杉实木线收口→踢脚线上口小铁杉实木线收口→踢脚线与墙体接缝处防裂胶处理、压整处理→修刨处理→饰条安装；2. 材料：九厘板，水曲柳面板，中密度板，白乳胶；3. 工程标准：安装牢固，平直	按顶角线展开长度计算	不含油漆，顶角线高度不大于100mm

（续表）

编号	项目	单位	单价（元）	工艺做法	计算规则	备注
2—14	石膏素线	m	18.00	1. 工艺：石膏线条粘贴安装；2. 材料：石膏线条，801（808）胶；3. 工程标准：安装牢固，平直	按石膏线展开长度以 m 计算	不含乳胶漆，石膏线宽度不大于100mm
2—15	板条顶角；造型线	m	40.00	1. 工艺：密度板顶角基层打底；2. 材料：12mm环保中密度板；3. 工程标准：安装牢固，平直	按顶角线展开长度以 m 计算	不含乳胶漆，顶角线宽度不大于100mm，增加一级增加20元.
2—16	木制窗帘盒	m	90.00	1. 工艺：大芯板窗帘盒基层打底→胡桃木线条收口→批灰→窗帘盒与墙体接缝处防裂胶处理；2. 材料：15mm 大芯板，胡桃木线条；3. 工程标准：安装牢固，平直	按窗帘盒长度以 m 计算	不含乳胶漆，宽度、高度不大于200mm

三、隔墙与墙面工程

隔墙与墙面工程共计 19 个子目，其具体内容见附表3所示。

附表3

编号	项目	单位	单价（元）	工艺做法	计算规则	备注
3—1	轻钢龙骨石膏板隔墙	m²	165.00	1. 工艺：轻钢龙骨 75×40×0.63 基架，边框固定，平均中距（竖603横1500mm）以内，根据现场调整，开灯孔不得裁断龙骨，双面封9mm厚纸面石膏板，使用专用防锈自攻螺丝，石膏板拼接原板间不留缝，裁板间须留3mm至8mm缝隙，且不允许小块拼接；2. 材料：石膏板，轻钢龙骨；3. 工程标准：位置应准确，所有连接件必须拧紧、夹牢，安装应牢固，表面平整、无污染、折裂、缺掉角、凹痕等缺陷，垂直平整度≤4mm	按图示尺寸以 m² 计算	不含石膏板饰面部分，隔墙内填充保温隔音岩棉，每平方增加25元
3—2	石膏板造型墙	m²	180.00	1. 工艺：木龙骨基架，需刷防火涂料，面封9mm纸面石膏板，侧口石膏板或中密度板，石膏板拼接原板间不留缝，裁板间须留3mm至8mm缝隙，且不允许小块拼接，造型厚度150mm以内；2. 材料：3×4铁杉木龙骨，石膏板，中密度板；3. 工程标准：造型墙安装应牢固，表面平整、无缺掉，破损等缺陷	按造型墙展开面积以 m² 计算	不含造型墙饰面部分

编号	项目	单位	单价（元）	工艺做法	计算规则	备注
3—3	水曲柳饰面墙面立体无造型墙	m²	165.00	1. 工艺：按设计式样，12mm密度板或大芯板条基层，面饰水曲柳板，侧口收水曲柳线条；2. 材料：水曲柳面板，中密度板，白乳胶；3. 工程标准：造型尺寸准确，方正平直，安装稳固，表面平整无破损，无毛刺锤印	按造型正立面投影面积以m²计算	造型厚度12cm以内，不含油漆
3—4	水曲柳饰面墙面立体造型	m²	270.00	1. 工艺：按设计式样，12mm密度板或大芯板条基层，面饰水曲柳板，侧口收水曲柳线条；2. 材料：水曲柳面板，中密度板，白乳胶；3. 工程标准：造型尺寸准确，方正平直，安装稳固，表面平整无破损，无毛刺锤印	按造型正立面投影面积计算	叠级及立体造型，造型厚度12cm以内，不含油漆
3—5	贴墙砖（清工、辅料）	m²	40.00	1. 工艺：清理基层地面→定标高、弹线→选料→板材浸水湿润→摊铺1：2水泥砂浆→铺设地砖→勾缝→清洁→养护交工铺贴；2. 材料：32.5水泥，白水泥勾缝，如需专用勾缝剂另项计算；3. 工程标准：铺贴牢固，表面平整干净、缝隙均匀、周边顺直，无漏贴错贴，空鼓面积（单块空鼓面积小于10cm²可不计）小于总数的5%，铺贴砖缝宽度≤2mm，表面平整度≤2mm（2m水平尺检查），接缝高低差≤1mm	按图示尺寸以m²计算，门窗洞口减半计算	地砖由甲方提供，地砖规格为单边尺寸15cm以上，如需造型拼花则价格另计，水泥砂浆铺贴厚度在3cm以内，超出每增加1cm厚度造价增加2元
3—6	贴石材（清工、辅料）	m²	82.00	1. 工艺：清理基层地面→定标高、弹线→选料→摊铺1：2水泥砂浆→铺设石材→勾缝→清洁→养护交工铺贴；2. 材料：32.5水泥，白水泥勾缝，如需专用勾缝剂另项计算；3. 工程标准：铺贴牢固，表面平整干净、缝隙均匀、周边顺直，无漏贴错贴，空鼓面积（单块空鼓面积小于10cm²可不计）小于总数的5%，铺贴砖缝宽度≤2mm，表面平整度≤2mm（2m水平尺检查），接缝高低差≤1mm	按图示尺寸以m²计算，门窗洞口减半计算	石材由甲方提供，石材为单边尺寸60cm以上；水泥砂浆铺贴厚度在3cm以内，超出每增加1cm厚度造价增加2元，遇造型拼花价格另计

（续表）

编号	项目	单位	单价（元）	工艺做法	计算规则	备注
3—7	挂贴石材（清工、辅料）	m²	100.00	1. 工艺：清理基层地面→定标高、弹线→选料→铜丝挂贴石材→摊铺1：2水泥砂浆→勾缝→清洁→养护交工铺贴；2. 材料：32.5水泥，白水泥勾缝，如需专用勾缝剂另项计算；3. 工程标准：铺贴牢固，表面平整干净、缝隙均匀、周边顺直，无漏贴错贴	按实际工程数量计算	石材由甲方提供，石材为单边尺寸60cm以上；水泥砂浆铺贴厚度在3cm以内，超出每增加1cm厚度造价增加2元，遇造型拼花价格另计
3—8	干挂石材（清工、辅料）	m²	180.00	1. 工艺：云石胶。干挂扣件铺设石材；2. 材料：云石胶，专用干挂扣件，如需专用勾缝剂另项计算；3. 工程标准：铺贴牢固，表面平整干净、缝隙均匀、周边顺直，无漏贴错贴	按图示尺寸以m²计算	石材由甲方提供，遇造型拼花价格另计
3—10	贴马赛克（清工、辅料）	m²	85.00	1. 工艺：清理基层地面→定标高、弹线→选料→马赛克→摊铺1：2水泥砂浆→勾缝→清洁→养护交工铺贴；2. 材料：玉溪32.5水泥，白水泥勾缝，如需专用勾缝剂另项计算；3. 工程标准：铺贴牢固，表面平整干净、缝隙均匀、周边顺直，无漏贴错贴	按图示尺寸以m²计算，门窗洞口减半计算	马赛克由甲方提供，水泥砂浆铺贴厚度在3cm以内，超出每增加1cm厚度造价增加2元，遇造型拼花价格另计
3—11	贴文化石（清工、辅料）	m²	225.00	1. 工艺：清理基层地面→定标高、弹线→选料→板材浸水湿润→摊铺1：2水泥砂浆→铺设文化石→勾缝→清洁→养护交工铺贴；2. 材料：32.5水泥，白水泥勾缝，如需专用勾缝剂另项计算；3. 工程标准：铺贴牢固，表面平整干净、缝隙均匀、周边顺直，无漏贴错贴	按工程展开面积以m²计算	文化石由甲方提供，如需造型拼花则价格另计，水泥砂浆铺贴厚度在3cm以内，超出每增加1cm厚度造价增加2元
3—12	铺贴窗台板，台板，门槛石（清工、辅料）	m	42.00	1. 工艺：台板，门槛石基层清理→台板1：2水泥砂浆铺贴（洗脸台板视需要水泥砂浆或玻璃胶粘贴）→清理打玻璃胶边缝；2. 材料：32.5水泥，洗脸台盆打孔另加40元/孔，玻璃中性胶；3. 工程标准：安装平整牢固，石材光洁无破损	按单个窗台或台板计算	不含窗台板，台板石材

编号	项目	单位	单价（元）	工艺做法	计算规则	备注
3—13	埃特板包管	根	240.00	1. 工艺：埃特板固封；2. 材料：埃特板；3. 工程标准：安装牢固	按图示尺寸以 m² 计算	断面尺寸不大于 300×300（mm），不含任何其他饰面部分
3—14	砖砌包水管	根	165.00	1. 工艺：单砖红砖砌筑，水泥砂浆粉墙；2. 材料：硅酸盐 325♯ 水泥，240mm×115mm×53mm 红砖；3. 工程标准：安装牢固，表面平整	按图示尺寸以 m² 计算	断面尺寸不大于 300×300（mm），不含任何其他饰面部分
3—15	胡桃木饰面踢脚线	m	28.00	1. 工艺：九厘板踢脚线基层打底→3.0mm 胡桃木面板封面→胡桃木实木线收口→踢脚线上口小胡桃实木线收口→踢脚线与墙体接缝处防裂胶处理、压整处理→修刨处理→饰条安装；2. 材料：九厘板，胡桃木面板，白乳胶；3. 工程标准：安装牢固，平直	按踢脚线展开长度以 m 计算	不含油漆，踢脚线高度不大于 100mm
3—16	铝塑板饰面踢脚线	m	58.00	1 工艺：九厘板踢脚线基层打底→3mm 厚双面铝塑板封面、收口→踢脚线与墙体接缝处防裂胶处理、压整处理→修刨处理→饰条安装；2. 材料：九厘板，铝塑板，万能胶；3. 工程标准：安装牢固，平直	按踢脚线展开长度以 m 计算	踢脚线高度不大于 100mm
3—17	不锈钢饰面踢脚线	m	65.00	1. 工艺：九厘板踢脚线基层打底→1.2mm 厚不锈钢板封面、折边；2. 材料：九厘板，不锈钢，万能胶；3. 工程标准：安装牢固，平直	按踢脚线展开长度以 m 计算	踢脚线高度不大于 100mm
3—18	墙面软包	m²	220.00	1. 工艺：按设计式样，12mm 密度板或大芯板条基层→九厘板基层→海绵封面→布艺饰面；2. 材料：水曲柳面板，中密度板，白乳胶 20mm 厚海绵，国产布艺；3. 工程标准：造型尺寸准确，方正平直，安装稳固，表面平整无破损，无毛刺锤印	按造型正立面投影面积以 m² 计算	平面造型，造型厚度 5cm 以内
3—19	墙纸人工辅料（墙不平）	m²	28.00	1. 工艺：按设计式样，刮腻子找平基层→打底封闭基层→贴缝纸带→铺设墙纸；2. 材料：腻子粉，万能胶；3. 工程标准：造型尺寸准确，粘贴稳固，表面平整无破损	按外轮廓展开面积以 m² 计算，原墙面平整度≤3mm	主材甲供

四、门窗工程

门窗工程共计 14 个子目，其具体内容见附表 4 所示。

附表 4

编号	项目	单位	单价（元）	工艺做法	计算规则	备注
4-1	推拉门安装	扇	300.00	1. 工艺：按产品安装要求进行；2. 工程标准：外表面应清洁，无损坏，安装牢固、可靠，正确	按单扇数量计算	含普通推拉门轨道及吊轮，大推拉门轨道另计，不含实木门
4-2	门锁安装	把	40.00	1. 工艺：按产品安装要求进行；2. 工程标准：外表面应清洁，无损坏，安装牢固、可靠，正确	按单套数量计算	甲方提供门锁
4-3	门吸安装	付	10.00	1. 工艺：按产品安装要求进行；2. 工程标准：外表面应清洁，无损坏，安装牢固、可靠，正确	按单套数量计算	甲方提供门吸
4-4	实木门安装	扇	100.00	1. 工艺：按产品安装要求进行；2. 材料：4 轴 3.5 寸消声合页，挡口隔音防撞密封条；工程标准：外表面应清洁，无损坏，安装牢固、可靠，正确	按单扇数量计算	不含实木门及门锁、门吸
4-5	玻璃安装；（清工、辅料）	m²	60.00	1. 工艺：玻璃安装、玻璃胶封边缝；2. 材料：中性玻璃胶；工程标准：安装牢固，表面平整干净	按图示尺寸以 m² 计算	不含玻璃
4-6	钢化玻璃隔断	m²	320.00	1. 工艺：钢化玻璃安装、打眼、磨边；2. 材料：10mm 钢化玻璃；3. 工程标准：安装牢固，表面平整干净	按图示尺寸以 m² 计算，门窗洞口减半计算	不含曲夹、拉手、合页
4-7	玻璃门合页	个	90.00	1. 工艺：按产品安装要求进行；2. 工程标准：外表面应清洁，无损坏，安装牢固、可靠，正确	按单套数量计算	不锈钢玻璃门专用合页
4-8	玻璃门拉手	把	240.00	1. 工艺：按产品安装要求进行；2. 工程标准：外表面应清洁，无损坏，安装牢固、可靠，正确	按单套数量计算	不锈钢玻璃门专用拉手
4-9	玻璃门曲夹	个	60.00	1. 工艺：按产品安装要求进行；2. 工程标准：外表面应清洁，无损坏，安装牢固、可靠，正确	按单套数量计算	含曲夹

编号	项目	单位	单价（元）	工艺做法	计算规则	备注
4—10	胡桃木饰面平板空芯门制作安装	樘	1000.00	1. 工艺：大芯板条门扇骨架制作→骨架上蒙五厘板（前后面）→五厘板上蒙胡桃木饰面板（按设计造型处理）→门扇侧口水曲柳线条收口、压整处理→修刨处理→饰条安装；2. 材料：大芯板，胡桃木面板，五厘板，白乳胶，水曲柳线条；3. 工程标准：门扇平整，尺寸规范，无变形翘曲	按单樘数量计算	不含门五金件及门扇油漆，门扇尺寸不大于 1000×2000（mm）
4—11	胡桃木饰面玻璃造型门	樘	1100.00	1. 工艺：大芯板条门扇骨架制作→骨架上蒙五厘板（前后面）→五厘板上蒙胡桃木饰面板（按设计造型处理）→2、5mm 磨砂玻璃安装→门扇侧口水曲柳线条收口、压整处理→修刨处理→饰条安装；2. 材料：15mm 大芯板，胡桃木面板，五厘板，白乳胶，水曲柳线条；3. 工程标准：门扇平整，尺寸规范，无变形翘曲	按单樘数量计算	不含门五金件及门扇油漆，门扇尺寸不大于 1000×2000（mm）
4—12	胡桃木饰面包门、窗套（单面包）	m	100.00	1. 工艺：九厘板门窗套基层打底→胡桃木饰面板封面→胡桃木门窗套线条（或按设计要求）→门窗套线条侧口小胡桃木收口→门套与墙体接缝处防裂胶处理；2. 材料：九厘板，胡桃木面板，白乳胶；3. 工程标准：洞口方正，直角准确，完成门套的正、侧面垂直度≤3mm，门套对角线长度差≤2mm	按窗门套展开长度计算	不含油漆，门窗套厚不大于 30cm，门套线宽度不大于 55mm，门窗套线宽每增加 10mm，每米另加 2 元
4—13	胡桃木饰面包大门套	m	120.00	1. 工艺：大芯板门套基层→胡桃木饰面板封面→12mm 密度板指口面饰胡桃木板→胡桃木门套线条（或按设计要求）→门套线条侧口小胡桃木收口→门套与墙体接缝处防裂胶处理；2. 材料：15mm 大芯板，胡桃木面板，12mm 中密度板，白乳胶，胡桃木线条；3. 工程标准：洞口方正，直角准确，完成门套的正、侧面垂直度≤3mm，门套对角线长度差≤2mm	按门套展开长度计算	不含油漆，门窗套厚不大于 30cm，门套线宽度不大于 55mm，门窗套线宽每增加 10mm，每米另加 5 元

（续表）

编号	项目	单位	单价（元）	工艺做法	计算规则	备注
4—14	不锈钢门套	m²	500.00	1. 工艺：大芯板门套基层→1.0mm厚不锈钢板饰面；2. 材料：15mm 大芯板，1.0mm 不锈钢板白乳胶；3. 工程标准：洞口方正，直角准确，完成门套的正、侧面垂直度≤3mm，门套对角线长度差≤2mm	按门套展开面积计算	含不锈钢加工费

五、涂饰工程

涂饰工程共计8个子目，其具体内容见附表5所示。

附表5

编号	项目	单位	单价（元）	工艺做法	计算规则	备注
5—1	墙顶双飞粉	m²	8.00	1. 工艺：开槽部分用石膏批刮一遍，再用强力抗震胶带粘贴接缝，作防裂处理，抗震要求较高部分用志用防裂胶驳接，视需要披刮双飞粉一至二遍，打磨平整；2. 材料：双飞粉＋801（808）胶；3. 工程标准：墙面大面平整，阴阳角方正度≤4mm（角尺），无脱层、裂纹、空鼓、掉粉情况	按图示尺寸以 m² 计算	如原墙及顶部少量空鼓建议铲除后水泥砂浆找平（15元/平方米），以防掉落伤人，如墙面大面积开裂建议满贴布料防裂（11元/平方米）
5—2	石膏板批刮双飞粉	m²	10.00	1. 工艺：石膏板接缝处用石膏批刮一遍，再用强力抗震胶带粘贴接缝，作防裂处理，抗震要求较高部分用志用防裂胶驳接，视需要披刮双飞粉一至二遍，打磨平整；2. 材料：双飞粉＋801（808）胶；3. 工程标准：石膏板墙大面平整，表面平整度≤4mm（二米靠尺），无脱层、裂纹、空鼓、掉粉情况	按实际施工面积计算	因气候变化等原因，少量石膏板接缝可能会在工程效验后出现局部裂缝，可免费保修
5—3	墙面腻子粉	m²	10.00	1. 工艺：开槽部分用石膏批刮一遍，再用强力抗震胶带粘贴接缝，作防裂处理，抗震要求较高部分用志用防裂胶驳接，视需要披刮腻子粉一至二遍，打磨平整；2. 材料：腻子粉；3. 工程标准：墙面大面平整，阴阳角方正度≤4mm（角尺），无脱层、裂纹、空鼓、掉粉情况	按图示尺寸以 m² 计算	如原墙及顶部少量空鼓建议铲除后水泥砂浆找平（15元/平方米），以防掉落伤人，如墙面大面积开裂建议满贴布料防裂（11元/平方米）

编号	项目	单位	单价（元）	工艺做法	计算规则	备注
5—4	顶面腻子粉	m²	10.00	1. 工艺：开槽部分用石膏批刮一遍，再用强力抗震胶带粘贴接缝，作防裂处理，抗震要求较高部分用志用防裂胶驳接，视需要披刮腻子粉一至二遍，打磨平整；2. 材料：腻子粉；3. 工程标准：墙面大面平整，阴阳角正度≤4mm（角尺），无脱层、裂纹、空鼓、掉粉情况	按图示尺寸以 m² 计算	如原墙及顶部少量空鼓建议铲除后水泥砂浆找平（15元/平方米），以防掉落伤人，如墙面大面积开裂建议满贴布料防裂（11元/平方米）
5—5	乳胶漆（白色）	m²	15.00	1. 工艺：乳胶漆滚涂两遍，兑水比例在20％以内。每增加一色另加100元/套；2. 材料：乳胶漆；3. 工程标准：表面平整、无掉粉、无漏刷、无明显色差、泛碱、返色、流坠、起疙	按图示尺寸以 m² 计算	基层上如要刷专用抗碱底漆每平方米加6元，施工温度要高于5摄氏度，室内不能有大量灰尘
5—6	外墙专用乳胶漆（白色）	m²	50.00	1. 工艺：乳胶漆滚涂两遍，兑水比例在20％以内；2. 材料：外墙专用水性乳胶漆工程；3. 标准：表面平整、无掉粉、无漏刷、无明显色差、泛碱、返色、流坠、起疙	按图示尺寸以 m² 计算，基层处理、批灰另项计算	施工温度要高于5摄氏度，室内不能有大量灰尘
5—7	清漆	m²	60.00	1. 工艺：（3底2面）所有接缝处防裂处理，抗震要求较高部分用专用防裂驳接，基层打磨，清洗→刷涂清底漆封闭→打磨→刷涂清底漆→打磨→刷涂清底漆→打磨→刷涂清面漆2遍；2. 材料：底漆及面漆；3. 工程标准：木纹清晰、钉眼刮平，无钉眼外露，漆面光滑，无透底、流坠、皱皮	按施工展开面积计算	施工温度要高于5摄氏底，室内不能有大量灰尘
5—8	白漆	m²	100.00	1. 工艺：（2底2面）所有接缝处防裂处理，抗震要求较高部分用专用防裂驳接，基层打磨，清洗→刷涂清底漆封闭→打磨→刷涂清底漆→打磨→刷涂清面漆2遍；2. 材料：白漆底漆及面漆；3. 工程标准：木纹清晰、钉眼刮平，无钉眼外露，漆面光滑，无透底、流坠、皱皮	按施工展开面积计算	施工温度要高于5摄氏底，室内不能有大量灰尘

六、细木制品工程

细木制品工程共计 10 个子目，其具体内容见附表 6 所示。

附表 6

编号	项目	单位	单价（元）	工艺做法	计算规则	备注
6－1	免漆板面衣柜	m²	800.00	1. 工艺：按设计式样，免漆板柜体→PVC 线收侧口→烟斗合页安装柜门；2. 材料：18mm 面漆板，背板，白乳胶，PVC 线条；3. 工程标准：表面应平整光滑，牢固，平整，方正平直	按衣柜正立面投影面积计算	衣柜厚度不大于 600mm（如特殊加厚则每 50mm 增加 15 元/平方米），竖向隔板 400mm 以上，每米衣柜含一个抽屉，增加一个抽屉另加 50 元，油漆另项计算
6－2	水曲柳、三聚氢氨板饰面衣柜	m²	650.00	1. 工艺：按设计式样，三聚氢氨板衣柜基层→5 厘宝丽背板→PVC 线条收侧口→烟斗合页安装柜门；柜门大芯板门芯骨架，2.4mm 中密度板双包；2. 材料：15mm 大芯板，饰面板，5 厘宝丽板，15mm 厚三聚氢氨板，白乳胶，实木线条；3. 工程标准：表面应平整光滑，不得有毛刺锤印，牢固，平整，方正平直	按衣柜正立面投影面积计算	衣柜厚度不大于 600mm（如特殊加厚则每 50mm 增加 15 元/平方米），竖向隔板 400mm 以上，每米衣柜含一个抽屉，增加一个抽屉另加 50 元，油漆另项计算
	胡桃木、三聚氢氨板饰面衣柜	m²	650.00			
6－3	胡桃木饰面书柜（有门）	m²	800.00	1. 工艺：按设计式样，大芯板书柜基层→饰面板封面→九厘背板→实木线收侧口→烟斗合页安装柜门；柜门大芯板门芯骨架，2.4mm 中密度板双包；2. 材料：15mm 大芯板，饰面板，九厘板，白乳胶，实木线条；3. 工程标准：表面应平整光滑，不得有毛刺锤印，牢固，平整，方正平直	按书柜正立面投影面积计算	书柜厚度不大于 300mm（如特殊加厚则每 50mm 增加 15 元/平方米），竖向隔板 400mm 以上，增加抽屉一个另加 50 元，三段式弹珠抽屉滑轨，烟斗合页，含 6 元/个的拉手，油漆另项计算
	水曲柳夹板饰面书柜（有门）	m²	750.00			

编号	项目	单位	单价（元）	工艺做法	计算规则	备注
6—4	胡桃木饰面；书柜（无门）	m²	560.00	1. 工艺：按设计式样，大芯板书柜基层→饰面板封面→九厘背板→实木线收侧口；2. 材料：15mm 大芯板，饰面板，九厘板，白乳胶，实木线条；3. 工程标准：表面应平整光滑，不得有毛刺锤印，牢固，平整，方正平直	按书柜正立面投影面积计算	书柜厚度不大于300mm（如特殊加厚则每50mm增加15元/平方米），竖向隔板400mm以上，增加抽屉一个另加50元，油漆另项计算
	水曲柳夹板饰面书柜（无门）	m²	500.00			
6—5	胡桃木饰面；鞋柜	m²	640.00	1. 工艺：按设计式样，三聚氢氨板鞋柜基层→5厘宝丽背板→PVC线条收侧口→烟斗合页安装柜门；柜门大芯板门芯骨架，饰面板双包；2. 材料：15mm 大芯板，饰面板，5厘宝丽，白乳胶，实木线条；3. 工程标准：表面应平整光滑，不得有毛刺锤印，牢固，平整，方正平直	按鞋柜正立面投影面积计算	鞋柜厚度不超过350mm（如特殊加厚则每50mm增加15元/平方米），竖向隔板150mm以上，增加抽屉一个另加50元，百叶柜门每平方米增加20%，油漆另项计算
	水曲柳夹板饰面鞋柜	m²	600.00			
6—6	胡桃木饰面书桌（无腿）	m	280.00	1. 工艺：按设计式样，大芯板书桌基层→胡桃木饰面板封面→胡桃木实木线收侧口；2. 材料：15mm 大芯板，胡桃木面板，九厘板，白乳胶，胡桃木线条；3. 工程标准：表面应平整光滑，不得有毛刺锤印，牢固，平整，方正平直	按书桌延长米计算	书桌（无腿）厚度不超过550mm，每个抽屉增加50元，三段式弹珠抽屉滑轨，烟斗合页，含6元/个的拉手，桌面拼花另加15%～20%。油漆另项计算
6—7	厨房防火板吊柜	m	380.00	1. 工艺：按设计式样，复合面板吊柜基层→宝丽板背板→PVC材料收边；2. 材料：16mm复合板，5厘宝丽板，白乳胶，PVC线条；3. 工程标准：表面应平整光滑，不得有毛刺锤印，牢固，平整，方正平直	按吊柜延长米计算	吊柜厚度≤400mm，高度≤600mm
6—8	厨房免漆板板吊柜	m	450.00	1. 工艺：按设计式样，免漆板吊柜柜体→PVC材料收边；2. 材料：18mm免漆板，白乳胶，PVC线条；3. 工程标准：表面应平整光滑，不得有毛刺锤印，牢固，平整，方正平直	按吊柜延长米计算	吊柜厚度≤400mm，高度≤600mm

（续表）

编号	项目	单位	单价（元）	工艺做法	计算规则	备注
6—9	厨房、卫生间防火板地柜	m	480.00	1. 工艺：按设计式样，复合面板地柜基层→宝丽板背板→PVC 材料收边→防火板饰面；2. 材料：16mm 复合板，5 厘宝丽板，白乳胶，PVC 线条；3. 工程标准：表面应平整光滑，不得有毛刺锤印，牢固，平整，方正平直	按地柜延长米计算	吊柜高度≤800mm，厚度≤600mm，安装成品防火板台面每米增加 120 元
6—10	厨房、卫生间免漆板地柜	m	1600.00	1. 工艺：按设计式样，免漆板柜体→PVC 材料收边→石英石台面；2. 材料：18mm 复合板，白乳胶，PVC 线条，石英石；3. 工程标准：表面应平整光滑，不得有毛刺锤印，牢固，平整，方正平直	按地柜延长米计算	吊柜高度≤800mm，厚度≤600mm，安装成品防火板台面每米增加 120 元

七、电路工程

门窗工程共计 8 个子目，其具体内容见附表 7 所示。

附表 7

编号	项目	单位	单价（元）	工艺做法	计算规则	备注
7—1	电路改造（开槽）	m	65.00	1. 工艺：墙面开槽，埋设 PVC 阻燃管，穿国际 2.5 平方塑铜线，分色布线；2. 材料：PVC 阻燃管，2.5 平方塑铜线；3. 工程标准：管内电线不得有接头，不得超过 3 根，剔槽埋管后用水泥砂浆或石膏堵抹填平	按开槽长度以 m 计算，不足 1m 按 1m 计算	面板由甲方提供，面板连接费用另计。空调等大功率电管布线径采用 4 平方塑铜线，每米增加 15 元
7—2	电路改造（不开槽）	m	55.00	1. 工艺：在吊顶及石膏线内不开槽部位敷设线路，用 PVC 阻燃管及配件，穿国际 2.5 平方塑铜线，分色布线；2. 材料：PVC 阻燃管，2.5 平方塑铜线；3. 工程标准：按照施工规范施工，注意强弱电施工标准	按布线长度以 m 计算，不足 1m 按 1m 计算	面板由甲方提供，面板连接费用另计。空调等大功率电管布线径采用 4 平方塑铜线，每米增加 15 元

编号	项目	单位	单价（元）	工艺做法	计算规则	备注
7－3	网络、音响、数据、光纤电缆、电话、电视等线路敷设（开槽）	m	55.00	1. 工艺：只负责穿管，不负责连接；2. 材料：PVC阻燃管；3. 工程标准：按照施工规范施工，注意强弱电施工标准	按布线长度以 m 计算，不足 1m 按 1m 计算	线料由甲方提供
7－4	网络、音响、数据、光纤电缆、电话、电视等线路敷设（不开槽）	m	40.00			
7－5	原管穿线	m	45.00	1. 工艺：室内原管不动，更换国际2.5平方塑铜线，分色布线；2. 工程标准：管内不得有接头，不得超过3根	按布线长度以 m 计算，不足 1m 按 1m 计算	
7－6	镀锌阻燃盒安装（混凝土墙）	个	50.00		按个数计算	
	镀锌阻燃盒安装（砖墙）	个	25.00			
	PVC 阻燃盒；安装（混凝土墙）	个	28.00			
	PVC 阻燃盒安装（砖墙）	个	25.00			
7－7	开关、插座面板安装	个	15.00	剔槽埋线盒后，用水平砂浆抹平	按个数计算	
7－8	灯具安装（花灯）	个	100.00	清工、辅料，线路连接，灯具设备安装固定	按个数计算	花灯直径在 500 以内，艺术灯另计
	灯具安装（吸顶灯）	个	40.00			
	灯具安装（筒灯、射灯、牛眼灯）	个	20.00			
	管灯、镜前灯	个	40.00			
	排风扇	个	80.00			

八、水路工程

门窗工程共计 7 个子目，其具体内容见附表 8 所示。

附表 8

编号	项目	单位	单价（元）	工艺做法	计算规则	备注
8—1	水管线路安装（安装线路）	m	125.00	砖墙、轻质墙面开槽→PPR4 分管，热熔焊接→沿墙在槽内走管敷设→用水泥砂浆抹平→按规定打压试验	按开槽长度以 m 计算，不足 1m 按 1m 计算	不包含水龙头、阀门、软管或设备安装
8—2	水管线路安装（明装线路）	m	120.00	砖墙、轻质墙面开槽→PPR4 分管，热熔焊接→沿墙在槽内走管敷设→卡子固定→按规定打压试验		
8—3	厨房、卫生间管道防噪声、防结露处理	m	50.00	将管道用橡胶板（或发泡聚氨酯材料）包裹缠绕	按长度以 m 计算，不足 1m 按 1m 计算	
8—4	墙地面做防水	m²	200.00	基层处理→涂刷防水涂料 2 遍→进行 24 小时闭水试验	按实刷面积以 m² 计算	
8—5	洁具安装	套	500.00	洁具固定、连接	一套含柱式盆及座便各 1 个	洁具、龙头、软管均由甲方提供，高档洁具安装费另行协商
8—6	浴室镜子安装	块	90.00	镜子安装，清工及辅料	按实际安装数量计算	镜子由甲方提供
8—7	花洒、混水阀；安装	套	280.00	花洒、混水阀安装，清工及辅料	一套含花洒及混水阀各 1 个	材料由甲方提供，高档设备安装费可按设备的百分比提取

九、其他项目工程

其他项目工程共计 9 个子目，其具体内容见附表 9 所示。

附表 9

编号	项目	单位	单价（元）	工艺做法	计算规则	备注
9—1	垃圾清运费（有电梯）	m²	8.00	由装修楼层运至小区指定地点堆放	按建筑面积以 m² 计算，无电梯搬运超过 6 层的协商调增	不含垃圾外运，不含旧房查出拆除改造的（渣土）费用
	垃圾清运费（无电梯）	m²	10.00			
9—2	厨房、卫生间五金安装	套	250.00	毛巾杆、毛巾环、浴巾架、肥皂盒、杯架、浴盆拉手及厨房中的五金安装等	含一厨一卫的五金安装	
9—3	甲供材料搬运费	m²	8.00	材料由施工现场楼下搬运到施工楼层，此价格按有电梯楼房计算，无电梯楼房每增加一层协商增调	按建筑面积收取	
9—4	旧墙基层处理（铲除、处理）	m²	9.00	铲除壁纸、壁布	按处理面积以 m² 计算	垃圾运输费另计
		m²	16.00	油漆及非亲水材料、防水腻子铲除		
		m²	20.00	老房砂灰层整体铲除及其他特殊情况		
9—5	墙、地砖剔槽拆除	m²	36.00	拆除包括各种面层及结合层，如遇踢脚线拆除可并入墙地面拆除内计算	按拆除面积以 m² 计算	渣土运输费另计
9—6	墙身开门窗洞口	个	500.00	在 240mm 后砖墙上掏砌门窗洞口，开洞后插砌砖抹灰修正洞口	按数量计算	渣土运输费另计
9—7	墙体拆除（砖墙）	m³	320.00	拆除墙体，清理渣土，归堆装袋	按实拆墙体体积以 m³ 计算	渣土运输费另计
9—8	墙体拆除（轻质墙）	m³	200.00			
9—9	混凝土墙凿毛	m²	26.00	在混凝土墙面上砍凿麻面	按实际面积以 m² 计算	渣土运输费另计

图书在版编目（CIP）数据

室内装饰工程预算/蒋娟娟等主编．—合肥：合肥工业大学出版社，2018.6（2024.8 重印）
ISBN 978 - 7 - 5650 - 3715 - 3

Ⅰ.①室… Ⅱ.①蒋… Ⅲ.①室内装饰—建筑预算定额—高等学校—教材②室内装饰—投标—高等学校—教材 Ⅳ.①TU723.3

中国版本图书馆 CIP 数据核字（2017）第 316483 号

室内装饰工程预算

蒋娟娟 王 菲 王 浩 主编 责任编辑 王 磊

出 版	合肥工业大学出版社	版 次	2018 年 6 月第 1 版
地 址	合肥市屯溪路 193 号	印 次	2024 年 8 月第 3 次印刷
邮 编	230009	开 本	889 毫米×1194 毫米 1/16
电 话	艺术编辑部：0551 - 62903120	印 张	11
	市场营销部：0551 - 62903198	字 数	320 千字
网 址	press. hfut. edu. cn	印 刷	安徽联众印刷有限公司
E-mail	hfutpress@163. com	发 行	全国新华书店

ISBN 978 - 7 - 5650 - 3715 - 3 定价：48.00 元

如果有影响阅读的印装质量问题，请与出版社市场营销部联系调换。